U0151153

计算机企业核心技术丛书·鲲鹏计算应用技术系列

Big Data Mining Algorithms in Action
based on Kunpeng

基于鲲鹏的大数据挖掘算法实战

袁春 刘婧 王工艺 著

机械工业出版社
CHINA MACHINE PRESS

本书结合主流分布式计算框架、国产芯片，介绍算法极致性能优化实践，开发面向企业级应用的高性能数据挖掘算法，剖析数据挖掘算法的典型应用案例，帮助读者在面向数据挖掘算法科研问题、企业应用时快速构建应用。

本书具体介绍了机器学习和数据挖掘的方法在大数据环境下的具体算法原理与流程，以及在华为鲲鹏平台的具体实现，是第一本贯穿分布式计算框架、底层芯片的，指导面向企业级应用的数据挖掘算法的书籍，适合作为高校、科研机构中需要对大规模数据进行挖掘和分析的学生、科研人员以及企业中大数据分析应用研发人员的参考用书。

图书在版编目（CIP）数据

基于鲲鹏的大数据挖掘算法实战／袁春，刘婧，王工艺著. —北京：机械工业出版社，2022.8
（计算机企业核心技术丛书. 鲲鹏计算应用技术系列）
ISBN 978-7-111-71318-0

Ⅰ.①基…　Ⅱ.①袁…②刘…③王…　Ⅲ.①数据采集　Ⅳ.①TP274

中国版本图书馆 CIP 数据核字（2022）第 138318 号

机械工业出版社（北京市百万庄大街 22 号　邮政编码 100037）
策划编辑：梁　伟　责任编辑：游　静
责任校对：戴文杰　责任印制：常天培
北京联兴盛业印刷股份有限公司印刷
2022 年 10 月第 1 版第 1 次印刷
186mm×240mm · 15.5 印张 · 1 插页 · 220 千字
标准书号：ISBN 978-7-111-71318-0
定价：89.00 元

电话服务　　　　　　　　　网络服务
客服电话：010-88361066　　机　工　官　网：www.cmpbook.com
　　　　　010-88379833　　机　工　官　博：weibo.com/cmp1952
　　　　　010-68326294　　金　书　网：www.golden-book.com
封底无防伪标均为盗版　　　机工教育服务网：www.cmpedu.com

计算机企业核心技术丛书
编委会名单

主　　任	郑纬民
顾　　问	周　明
执行主任	崔宝秋
委　　员 （按姓氏拼 音排序）	何晓冬　黄　华　贾扬清　姜大昕　姜　涛 李飞飞　李　航　梁　岩　宋继强　谭晓生 田　奇　庹　虎　王昊奋　王华明　王巨宏 王咏刚　文继荣　吴　华　谢　涛　杨卫华 张正友

丛书序 Preface

　　科技始终是人类发展过程中绕不开的话题，它诞生于人类认知物质世界的过程中，是人类智慧的结晶，为人类创造了巨大的物质财富和精神财富。"科技"包含"科学"与"技术"，二者密不可分，但又区别明显。科学是人类解决理论问题的手段，技术则是人类解决实际问题的工具。科学和技术是辩证统一的：科学注重发现，为技术提供理论指导；技术注重实践，助科学实现实际应用。科学技术是第一生产力，这是一个老生常谈的话题，已经到了入学孩童都知晓的程度。何以称之为第一生产力？纵观人类发展史，我们可以发现，人类社会的每一次进步都离不开科技的进步，可以说科学技术是推动人类社会进步的重要因素。

　　人类文明的发展同样离不开科学技术的发展。现代科技显著加快了人类文明的发展速度，提高了社会生产力，为人类开拓了更加广阔的发展空间，社会和经济在现代科技的助力下突飞猛进地发展。科学技术的进步和普及为人类发展精神文明提供了新的温床，为人类传播思想文化提供了更加快捷、简便的手段。在科学技术的影响下，人们的精神生活逐渐丰富，思想观念发生巨大变化。发展科学技术对人类文明发展和社会生产力进步都至关重要。

　　人类对科学和技术关系的认知在不同历史时期有不同的表现形式。人类科技的发展先后经历了优先发展技术、优先发展科学、科学技术独立发展等多个阶段，直到现代科技的科学技术精密结合发展。现代科技缩短了科学研究和技术开发之间的间隔时间，越来越多的技术开始应用于产业，并实现了技术的产业化发展。当代科技革命的核心是信息技术，人类开始由工业社会向信息社会迈进，计算机技术、通信技术、光电子技术等信息技术成为当代科技革命的标志。20世纪90年代后，信息技术迅速发展，高新技术变革的浪潮已经开始，科技创新成为我国科学技术发展的主旋律。

企业核心技术是企业的立身之本，更是企业把握市场主动权、扩大自身竞争优势的关键。同时，企业发展核心技术有利于我国产业发展，推动科技创新，建设自立自主的科技发展环境。因此，为了推动我国科技创新的发展进程，计算机企业可以寻求一条共同发展、彼此促进、相互融合的道路。发展科技之路在于共享，在于交流，在于研究。各计算机企业可以将自己独具竞争力的核心技术用于交流和探讨，并向学术界和企业界分享具有价值的专业性研讨成果，为企业核心技术发展探索新的思路，为行业领域发展贡献自己的力量，为其他同行企业指引方向，推动整个行业的创新与进步。更重要的是，企业向相关领域分享自己的核心技术成果，有利于传播前沿科学知识，增强人才培养的针对性和专业性，为企业未来发展奠定人才基础。

企业和企业之间的交流固然重要，但也不可忽视企业界和学术界之间的交流。学术界和企业界共同成为科学发展与技术应用的主力军。学术界的学者们醉心于科学研究，不断提出新的理论并付诸行动；企业界的专家们根据现有的技术成果不断推陈出新，将其应用于实际生产中。学术界和企业界的关系正如科学与技术的关系，密不可分，辩证统一。

出版"计算机企业核心技术丛书"正是出于这种目的。企业界与学术界的专家共聚一堂，从企业和学术的视角共同探讨未来技术的发展方向和技术应用的新途径，将理论知识和应用技术归纳整理，以出版物的形式呈现出来，向相关领域从业人员传播前沿知识，向全社会分享科技创新成果，以图书、数字出版物等为载体，在企业、高校内培养系统级人才、底层硬件人才、交叉型人才等企业亟需的专业人才。

中国工程院院士

清华大学教授

2022 年 4 月

前言 Foreword

大数据技术的发展正如火如荼。在互联网、物联网、智慧城市等产业应用中，各种大数据如生物大数据、交通大数据、医疗大数据、电信大数据、金融大数据等都呈现"井喷式"的增长。大数据技术的进步和发展迫切需要相关领域的人才，但是大数据技术的理论和知识与其他技术相比更丰富也更复杂，它融合了人工智能、统计学、计算机网络与体系结构、软件工程等各方面知识，学习难度更高，这就导致人才培养愈加困难。

作为一名高校教师，人才培养是我的职责，我也深刻认识到大数据技术的重要性。我从2016年开始在清华大学深圳国际研究生院开设"大数据机器学习"课程，学生们无论是选课还是上课，都对该课程表现出了浓厚的兴趣和积极性。在该课程的教学过程中，我深切感受到学生们一定要理论联系实际才能更高效地学好这门课。华为公司恰好邀请我合作撰写基于鲲鹏大数据平台的大数据挖掘的书，给了我一个很好的学习机会，我便欣然同意。撰写此书的过程也让我对大数据技术有了更多、更深入的了解，学到了更多的知识，在此衷心感谢华为公司对我们的信任和支持。

衷心感谢和我一起撰写此书的访问学者、泰山学院的刘婧老师和华为公司计算产品线机器学习算法专家王工艺老师！感谢参与本书部分内容补充和校阅的王依凡、董姝婷、卢锋等实验室的同学。同时也衷心感谢在写书过程中一直与我们并肩战斗的华为公司的余思、何晓宇两位老师，本书的每一个段落、每一句话都是我们共同讨论的结果。还要感谢华为公司在后期参与校对的各位老师，包括熊钦、周坤、贾佳峰、徐宸、王宗佐、杨克宇、林琦宏、汪川、曾伟迪。

本书写作过程较为仓促，难免会有错误和遗漏的地方，恳请读者朋友批评指正。

本书阅读导引

本书主要面向大数据挖掘算法开发者。没有数据挖掘相关基础的开发者可以通过本书实现数据挖掘入门，掌握用算法解决实际业务问题的方法和流程；有一定数据挖掘基础和实践经验的开发者可以通过本书深入了解大数据挖掘算法的实现步骤，进而在鲲鹏分布式集群中进行算法调优、二次开发或者开发新的高性能算法。

读者可以循序渐进地从第 1 章开始学习，也可以结合自己的知识结构和实际需求，适当跳过某些章节以提高学习效率。例如，已有数据挖掘基础的开发者可以跳过作为基础章节的第 1 章和第 2 章。想要快速调用算法解决实际业务问题的开发者可以跳过第 5 章中的算法实现细节，直接查看该章中的"鲲鹏 BoostKit 算法 API 介绍"，以了解算法调用方法。为了帮助读者选择合适的学习路径，下表给出了各章的主要内容：

章	主要内容
第 1 章　大数据挖掘技术概述	介绍大数据挖掘的概念、功能、流程和架构，读者可以了解什么是数据挖掘，为什么需要数据挖掘，以及数据挖掘的关键流程和系统架构
第 2 章　分布式开发框架	介绍分布式计算的关键技术以及业界主流的分布式框架，读者可以结合实际业务情况，选择合适的分布式框架，构建大规模数据挖掘任务流
第 3 章　经典挖掘算法	概述经典数据挖掘算法的基本原理，使读者能够掌握常见算法的定义和功能，从而在实践中灵活应用
第 4 章　鲲鹏 BoostKit 大数据挖掘	介绍鲲鹏芯片特性及鲲鹏 BoostKit 大数据使能套件，帮助读者快速了解鲲鹏高性能大数据组件的功能和特性，从而以此为参考设计企业级的大数据分析平台
第 5 章　数据挖掘算法在鲲鹏的优化实践	深入解析鲲鹏 BoostKit 机器学习算法库中分布式数据挖掘算法的实现，包括算法的具体求解步骤、原理和调用方式，同时介绍针对鲲鹏的亲和性优化方法；为读者在鲲鹏集群上开发高性能分布式数据挖掘算法，提供求解思路和工程实现参考
第 6 章　数据挖掘算法应用案例	通过若干应用案例，介绍从数据预处理开始到模型训练完成的整个过程，为数据挖掘关键步骤提供算法选型参考，读者可以参考案例设计和优化数据挖掘流程

2022 年 2 月 11 日

目录 Contents

第 1 章

大数据挖掘技术概述

1.1 大数据技术的重要性

大数据技术发展正如火如荼，方兴未艾。大数据技术可以帮助企业和组织更有效地利用已有数据，并利用它带来新的机会，从而产生更明智的业务举措、更高效的运营模式、更高的利润和客户满意度。大数据研究专家 Tom Davenport 在其报告《大公司中的大数据》[1] 中采访了 50 多家企业，以了解他们如何使用大数据，并总结出以下大数据技术创造新价值的方式。

- 降低成本：Hadoop 和云计算等大数据技术在存储大量数据时带来了显著的成本优势，而且它们可以识别更有效的业务方式。
- 更快、更好的决策：借助 Hadoop 和内存分析的速度，企业能够具备大数据条件下新数据源分析的能力，即企业能够立即分析信息，获得有用信息，并根据大数据挖掘所学到的知识做出及时决策。
- 新产品和服务：通过大数据分析衡量客户需求和满意度，可以为客户提供他们想要的东西。Davenport 指出，借助大数据分析，越来越多的公司正在开发新产品以满足客户的需求。

大数据在当今社会出现了"井喷式"的增长，如生物大数据、交通大数据、医疗大数据、电信大数据、金融大数据等，对科学研究、社会管理、企业应用和Web 应用等带来了巨大的机遇、促进和挑战。

美国政府在 2012 年就开始着手规划大数据，奥巴马政府宣布了"大数据的研究和发展计划"[2]，计划中提到"通过提高我们从大型复杂的数字数据集中提取知识和观点的能力，承诺帮助加快在科学与工程中的步伐，加强国家安全，并改变教学研究"，并强调大数据会是"未来石油"。

中国《国家"十四五"规划纲要》[3] 把大数据产业列为数字经济七大新兴数字产业之一，将大数据发展提升到战略高度，并推动建设一体化大数据中心，通过"数脑"体系推动大数据在各领域的深化应用，鼓励各行业围绕算力、算法、数据进行融合创新，充分挖掘数据价值，从而实现巨大的经济效益，增强社会管理和公共服务水平。

1.2 大数据的概念和类型

2011 年 5 月 1 日，麦肯锡咨询公司在其报告 *Big data：The next frontier for innovation，competition，and productivity*[4] 中首次给出"大数据"的定义，引发了大数据的浪潮。

IBM 提出了大数据"3V"的概念：

- 大量化（Volume）：指数据体量巨大。百度资料表明，其新首页导航每天需要提供的数据超过 1.5 PB（1 PB = 1024 TB）。
- 多样化（Variety）：指数据类型不仅包括结构化数据，还包括文本、图片、视频、音频、动画、地理位置信息等。
- 快速化（Velocity）：指数据产生的速率和处理的速率都很快，数据处理遵循"1 秒定律"，可从各种类型的数据中快速获得高价值的信息。

之后，专家们提出了"4V"，在"3V"基础上增加了价值（Value），即企业要实现的是大数据的价值，而大数据具有价值密度低的特点。以视频为例，一小时的视频，在不间断的监控过程中，可能有用的数据仅仅只有 1~2 s。

除了这 4 个 V 之外，也有学者提出了其他关于大数据的概念，如：数据的可验证性（Verification），指数据需要经过验证，避免数据质量的良莠不齐和数据安全问题；可变性（Variability），指数据格式的可变性；真实性（Veracity），指数据来自不同的源头，而这些源头的可信度需要验证；近邻性（Vicinity），指处理数据的程序和服务器需要能够就近获取资源并处理，以提高效率。

维基百科对大数据的定义是：利用常用软件工具获取、管理和处理数据所耗时间超过可容忍时间的数据集。这也不是一个精确的定义，因为对常用软件和可容忍时间的定义不好界定。

高德纳（Gartner）咨询公司给出了这样的定义：大数据是需要新处理模式才能具有更强的决策力、洞察发现力和流程优化能力的海量、高增长率和多样化的信息资产。

亚马逊公司的大数据科学家 John Rauser 给出了一个简单的定义：大数据是任何超过了一台计算机处理能力的数据量。这个定义同样是一个不确切的描述。

大数据是数据科学发展到今天的一种特征。根据数据的不同形态以及是否有强的结构性，可以将其划分为结构化数据、半结构化数据和非结构化数据。

1. 结构化数据

结构化数据指数据经过分析后可分解成多个互相关联的组成部分，各组成部分有明确的层次结构，其使用和维护通过数据库进行管理。大数据技术出现之前，结构化数据一直是信息技术和产业应用中的主要数据形式，也是联机事务处理过程（On-Line Transaction Processing，OLTP）系统业务所依赖的数据形式。

大数据技术下，由于传统数据库无法满足容量和性能上的需求，出现了基于大规模并行处理器（Massively Parallel Processor，MPP）的大规模并行处理数据库，如大规模并行处理关系数据库（Massively Parallel Processing of Relational Database，MPP RDB）、对称多处理联机事务处理过程（Symmetric Multiprocessing Online Transaction Processing，SMP OLTP）、大规模并行处理联机分析过程（Massively Parallel Processing of Online Analytical Processing，MPP OLAP）等。

2. 非结构化数据

非结构化数据指相对于结构化数据而言，没有固定结构且不方便用数据库二维逻辑表来表现的数据，包括所有格式的文档、文本、报表、图像、音频、视频。

3. 半结构化数据

半结构化数据指介于结构化数据（如关系数据库、面向对象数据库中的数据）和非结构化数据（如音频、图像等）之间的数据类型。HTML 就属于半结构化数据，而 XML 是一种典型的树形结构组织的半结构化数据。半结构化数据一般是自描述的，数据的结构和内容混在一起，没有明显的区分。

1.3 大数据挖掘技术

在理解大数据挖掘技术之前，先要知道数据挖掘的概念。数据挖掘（data mining）又称数据库中的知识发现（Knowledge Discover in Database，KDD），是涉及机器学习、人工智能、数据库理论以及统计学等学科的交叉研究领域。数据挖掘就是从数据库的大量数据中挖掘出有用的信息，即从大量的、不完全的、有噪声的、模糊的实际应用数据中，发现规律性的、可以理解的信息和知识，并使用这些信息和知识做出决策的完整过程。

而在大数据环境下，数据挖掘的对象，即数据，有了质的变化，如上节所述的"4V""5V"等概念。大数据挖掘是从大数据集中寻找其规律的技术。这里强调挖掘的对象是"大数据集"，这使得大数据挖掘有了新的内涵，变得更有挑战性。

大数据挖掘的处理流程根据平台和应用的不同，可以有不同的组合形式[5~8]（如图 1-1 所示），包括大数据采集、大数据预处理、大数据分析和挖掘、大数据可视化与大数据应用。

图 1-1　大数据挖掘处理流程

1.3.1　大数据采集技术

大数据采集技术指通过射频识别（RFID）、传感器、社交网络交互及移动互联网等方式获得各种各样的结构化、半结构化和非结构化海量数据的技术。因为数据源复杂，数据量大，生成速度快，所以大数据采集技术面临可靠性和高效性的挑战。

从采集实现的过程来看，大数据采集技术可以分为大数据智能感知层和大数据基础支撑层。

大数据智能感知层主要包括数据传感体系、网络通信体系、传感适配体系、智能识别体系及软硬件资源接入体系。

大数据基础支撑层提供大数据服务平台所需的虚拟服务器，结构化、半结构化和非结构化数据的数据库及物联网资源等基础支撑环境，包括分布式虚拟存储技术，大数据获取、存储、组织、分析和决策操作的可视化接口技术，大数据的网络传输与压缩技术，大数据隐私保护技术等。

从数据的来源和接口技术来看，大数据采集技术可以分为数据库采集技术、网络数据采集技术、系统日志采集技术、感知设备数据采集技术和数据采集接口技术。

1. 数据库采集技术

传统企业会使用传统的关系型数据库 MySQL 和 Oracle 等来存储数据。随着大数据时代的到来，Redis、MongoDB 和 HBase 等 NoSQL 常被用于数据的采集。企业通过在采集端部署大量数据库，并在这些数据库之间进行负载均衡和分片，完成大数据采集工作。

2. 网络数据采集技术

网络数据采集技术包含网络爬虫技术，以及数据包及流量监测/抓取技术。

网络爬虫技术又分为：分布式网络爬虫工具，如 Nutch；Java 网络爬虫工具，如 Crawler4j、WebMagic 和 WebCollector；非 Java 网络爬虫工具，如 Scrapy（基于 Python 语言开发）。

数据包及流量监测/抓取技术包括深度包检测（Deep Packet Inspection，DPI）以及深度/动态流检测（Deep/Dynamic Flow Inspection，DFI）等带宽管理技术。这些技术通过获取软件系统的底层数据交换数据包，以及客户端和数据库之间的网络流量包，采集目标软件产生的数据，并进行转换和重新结构化，输出到新的数据库。

3. 系统日志采集技术

一些大型互联网企业在其数据中心安装有多种服务器软件,这些服务器软件每天会产生大量日志文件。由于日志的重要性,这些大型互联网企业开发了一些常用的日志采集软件,如 Cloudera 的 Flume、Facebook 的 Scribe 等。

4. 感知设备数据采集技术

感知设备数据采集技术指通过传感器、摄像头和其他智能终端自动采集信号、图片或视频来获取数据的技术。大数据智能感知系统需要实现对结构化、半结构化、非结构化的海量数据的智能化识别、定位、跟踪、接入、传输、信号转换、监控、初步处理和管理等。

5. 数据采集接口技术

数据采集接口技术包含软件接口 API 技术和开放数据库技术。

软件接口 API 技术提供保密性和可靠性较高的数据采集环境,具体包含以下技术。①SDK API:通过软件开发包(SDK)提供的 API 访问其他软件或系统,特点是与被访问对象结合紧密,开发语言一般要与 SDK 支持的语言保持一致,并且需要详细了解 SDK 所提供的各种数据结构,扩展性弱。②REST API:一种通过 URL 访问资源的方法,是一种 Web 服务模式,特点是与复杂的简单对象访问协议(SOAP)、远程过程调用(RPC)相比更简单实用。③Web Service:一种跨编程语言和跨操作系统平台的远程调用技术。与 REST API 一样,Web Service 也是基于 HTTP 的。SML/XSD、SOAP 和 WSDL 共同构成 Web Service 的三大技术。④消息发布/订阅服务:消息队列采用发布/订阅者模式工作,消息发送者发布信息,一个或多个消息接收者订阅消息。Apache Kafka 就是一种基于发布/订阅者模式的容错消息机制,Kafka 构建在 ZooKeeper 协调服务软件之上。

开放数据库技术是将被采集数据方的数据库直接呈现给采集方,直接将访问数据库的用户名和密码授权给对方。该方式准确性高,实时性得到保证。但是一个平台需要同时连接多个软件厂商的数据库,并同时获得数据,这对平台性能来说也是巨大挑战。其中,ETL(提取 Extract,转换 Transform,加载 Load)是建立在数据仓库上的数据采集的代表技术。

用数据采集接口方式采集的数据,其可靠性和价值较高,一般不存在数据重复的情况。数据通过接口实时传输,能够满足数据实时性的要求。但其缺点是开发费用高,协调各个软件厂商的难度大,扩展性不高。

1.3.2 大数据预处理技术

大数据预处理主要包括数据清洗、数据集成、数据转换和数据规约。

1. 数据清洗

现实世界的数据常常是不完全的、含噪声的、不一致的。数据清洗过程包括缺失数据处理、噪声数据处理以及不一致数据处理。

缺失的数据可以采用忽略该条记录、手动补充缺失值、利用默认值填补缺失值、利用均值填补缺失值、利用最可能的值填补缺失值等方法处理。

噪声数据可以采用分箱(Bin)方法、聚类分析方法、人机结合检测方法、回归方法来处理。

不一致的数据可以利用它们与外部的关联,手动解决这类问题。

2. 数据集成

大数据处理常常涉及数据集成操作,即将来自多个数据源的数据,如数据库、数据立方、普通文件等结合在一起并形成一个统一的数据集合,以便为数据处理工作的顺利完成提供完整的数据基础。在数据集成中需重点考虑以下问题:模式集成问题、冗余问题以及数据值冲突检测与消除问题。

3. 数据转换

数据转换就是将数据进行转换或归并,使其成为符合业务规范或适合后续数据处理的形式。常见的数据转换包括数据归一化、标准化等操作。

4. 数据规约

对大规模数据进行复杂的数据分析通常需要耗费大量的时间,这时就需要使用数据规约技术了。数据规约技术的主要目的是从原有的巨大数据集中获得一个精简的数据集，并使这个精简数据集保持原有数据集的完整性。这样在精简数据集上进行数据挖掘就会提高效率，并且能够保证挖掘出来的结果与使用原有数据集所获得的结果基本相同。

数据规约的主要策略有以下几种：

1）数据聚合（data aggregation），如构造数据立方（数据仓库操作）。

2）维数消减（dimension reduction），主要用于检测和消除无关、弱相关或冗余的属性或维（数据仓库中的属性），如通过相关分析消除多余属性。

3）数据压缩（data compression），利用编码技术压缩数据集的大小。

4）正则化规约（numerosity reduction），利用更简单的数据表达形式，如参数模型、非参数模型（聚类、采样、直方图等），来取代原有的数据。此外，利用基于概念树的泛化（generalization）也可以实现对数据规模的消减。

5）数据摘要（data summarization），从海量数据中抽取有代表性的子集，并在此基础上进行数据挖掘，如 coreset 技术利用严格的数学证明，可以将抽取的数据子集的算法精度差异控制在一定区间内。

1.3.3　大数据分析和挖掘技术

大数据技术的核心是大数据分析和挖掘技术，只有通过分析和挖掘才能获得深入的、有价值的信息和知识。一般而言，大数据挖掘的任务可以分为两类：预测性（predictive）挖掘任务和描述性（descriptive）挖掘任务。预测性挖掘任务主要使用数据集中的一些变量或域来推断或预测其他变量的未知值或者未来值。描述性挖掘任务则刻画目标数据中数据的一般特性，探索数据中潜在的联系模式，例如相关性、聚类分析、轨迹和异常检测等。

大数据分析和挖掘的常用方法有分类、回归、聚类、关联分析、偏差分析和协同过滤等。

1. 分类

分类是找出一组数据对象的共同特点并按照分类模式将其划分为不同的类，

其目的是通过分类模型，将待分类的数据项映射到某个给定的类别中。例如，通过用户的行为特征将其分为男、女两类，以便针对性地制订营销计划。分类方法有很多，包括决策树方法、支持向量机、贝叶斯方法、神经网络、遗传算法等。

2. 回归

回归分析用于挖掘自变量和因变量之间的定量关系。在数据挖掘应用中，回归与分类都属于预测类任务，区别在于：分类主要预测类目标号（离散值），回归主要预测连续属性。例如，在零售行业中，可以通过回归的方法对下一季度的销量进行预测，从而对进货、仓储等进行合理规划。常用的回归预测方法有线性回归、岭回归、套索回归等。

3. 聚类

聚类是把数据按照其特征划分成一系列有意义的子集的过程，使得同一类中的数据尽可能相似，不同类中的数据尽可能不同。例如，在市场营销中，可以根据客户的属性和行为，用聚类算法将其划分为不同客户群体，为每种客户群体提供个性化的服务。常见聚类方法有层次聚类法、划分聚类法、密度聚类法、模糊聚类法等。

4. 关联分析

关联分析用于挖掘数据中不同对象之间的相关性、因果关系和频繁模式。如果某些对象频繁共现，则可认为它们之间存在某种关联。关联分析的一个典型应用是购物篮分析，如果发现购买了面包的客户通常会同时购买牛奶，那么根据这条关联规则就可以适当降低面包价格并提高牛奶价格，从而增加整体利润。常见的关联分析算法有 Apriori、FP-Growth 等。

5. 偏差分析

数据库中的数据存在很多异常情况，从数据分析中发现这些异常情况也是很重要的。偏差分析是用来发现数据中异常情况的方法，包括反常的实例、模式等。例如，利用偏差分析方法可以在客户的消费记录中检测出异常刷卡的行为，对有风险的行为进行识别和预警。

基于鲲鹏的大数据挖掘算法实战

6. 协同过滤

协同过滤指根据用户对物品或内容的偏好，发现物品或内容本身的相关性，或者发现用户的相关性，然后再基于这些关联性进行推荐。基于协同过滤的推荐可以分为三个子类：基于用户的推荐、基于物品的推荐和基于模型的推荐。

1.3.4 大数据可视化技术

在大数据应用中，分析人员需要对庞大的数据和数据挖掘的结果进行分析，直接面对一堆数据会遇到难以理解的情形。而大数据可视化技术可以通过清晰的图示或图形展示，直观地反映大数据分析挖掘的最终结果。分析人员借助交互技术，可以很清楚地发现隐含的和有用的信息与知识。

大数据挖掘可视化可以分为数据可视化、数据挖掘结果可视化、数据挖掘过程可视化和交互式数据可视化挖掘。传统的可视化技术仅仅将数据加以组合，通过不同的展示方式提供给用户，以发现数据之间的关联信息。随着大数据时代的来临，新型的数据可视化技术必须满足"5V"的大数据特性，必须快速收集、清洗、分析、归纳和展现决策者所需要的信息。大数据可视化工具必须具有以下特性：实时性、操作简单、丰富的展现能力，并支持多种数据集成方式。

比较典型的数据可视化工具包括：Processing.js，从艺术角度创作的数据可视化工具；R 语言，从统计和数据处理角度开发的数据可视化工具，它本身既可以做数据分析，也可以做图形处理；D3.js，既可以做数据处理，又兼顾展现效果，这种基于 JavaScript 的数据可视化工具更适合在互联网上互动式地展示数据。

1.3.5 大数据应用

大数据挖掘已经在许多领域出现了"井喷"式的应用。

- 在金融业领域：大数据挖掘可以应用于客户画像、精准营销、风险管控。
- 在证券业领域：大数据挖掘可以应用于股价预测、客户关系管理、投资景气预测。

- 在互联网行业：大数据挖掘可以应用于精准营销、个性化服务、商品个性化推荐。
- 在物流行业：大数据挖掘可以应用于车货匹配、运输线路优化、库存预测、供应链协同管理。

1.4 大数据挖掘系统架构

大数据挖掘系统需要面对大数据应用的多样性和复杂性，相应的体系结构也要在存储和计算方面重点考虑，传统的以 CPU 为核心的通用计算模型已经难以应付。选择一种适合大数据分析和挖掘的计算机系统与网络体系结构具有极大的挑战性。大数据挖掘的计算模型和算法是大数据技术的核心，其过程涵盖了对海量数据的采集、分布式分析和计算、有价值的结果获取等，必须依托计算机的分布式数据库、云计算以及计算机中的虚拟化技术等。

借鉴计算机网络体系结构的分层概念，可以将大数据挖掘的系统架构分成以下三个部分：大数据存储系统、大数据处理系统以及大数据可视化和应用系统（如图 1-2 所示）。

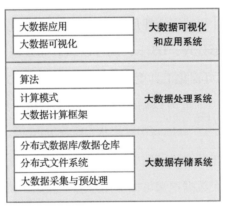

图 1-2　大数据挖掘系统架构

1.4.1 大数据存储系统

大数据存储系统提供大数据采集、大数据预处理和大数据存储管理等功能,主要包含大数据采集与预处理、分布式文件系统、分布式数据库/数据仓库三个部分。

大数据采集与预处理的具体内容在 1.3.1 节和 1.3.2 节有详细介绍。

分布式文件系统主要提供大数据的物理存储架构,目前常用的有开源社区的 Apache HDFS、Google 的 GFS (Colossus) 等。

分布式数据库和数据仓库不仅包括大数据的存储管理,更重要的是为上层大数据计算框架和大数据应用提供快速高效的数据查询与分析服务功能,具体包括关系数据库、非关系数据库 (NoSQL) 以及缓存数据库。后两者在大数据场景下有着更为广泛的应用。

1. NoSQL

NoSQL 主要包括键值数据库 (Key-Value Store, KVS)、列存数据库、图存数据库以及文档数据库。

键值数据库是 NoSQL 中最基本、最重要的数据存储类型,其基本原理是在 Key 和 Value 之间建立一个类似哈希函数的映射关系。目前常用的键值数据库包括 Redis、Riak、Memcached DB、Berkeley DB 和 Amazon DB 等。

列式数据库是以列相关存储架构进行数据存储的数据库,主要适用于批量数据处理和即时查询,相对应的是行式数据库,数据以行相关的存储体系架构进行空间分配,主要适合于小批量的数据处理,常用于联机事务型数据处理。列式数据库包括 Bigtable、HBase、HadoopDB、Riak、Cassandra 等。

图存数据库使用图结构进行语义查询,使用节点、边和属性来表示与存储数据,主要用于处理具有关联关系的数据,可以高效地处理实体之间的关系,比较适合处理社交网络、模式识别等领域的问题。常用的图存数据库有 Neo4j、InfoGrid、Infinite Graph、OrientDB 和 GraphDB 等。

文档数据库中的"文档"实际上是数据记录，它能够对所包含的数据类型和内容进行"自我描述"，文档格式可以是 XML、YAML、JSON 和 BSON 等，文档数据库比键值数据库的查询效率高。常用的文档数据库有 MongoDB、CouchDB、Terrastore、ThruDB、RavenDB、SisoDB、RaptorDB、CloudKit、Perservere 和 SequoiaDB 等。

2. 缓存数据库

缓存数据库也称为内存缓存系统。随着数据访问并发度越来越高，存储系统对低延迟的要求也越来越高，基于内存的存储系统将数据存储在内存中，从而获得高速读写性能。常见的缓存数据库有 Memcached、Redis 等。其中，Memcached 就是一个高性能的分布式内存对象缓存系统，用于动态 Web 应用，以减轻数据库负载；Redis 是内存中（in-memory）的数据结构存储系统，支持数据的持久化，可以每隔一段时间将数据集转存到磁盘上；另外，还有一些偏向于内存计算的系统，如分布式共享内存（DSM）、RAMCloud、Tachyon 等。

1.4.2 大数据处理系统

大数据处理系统是整个大数据挖掘系统的主要部分，是实现大数据分析和挖掘任务（1.3.3 节介绍）的核心。而大数据分析和挖掘算法的分布式计算与实现，需要如下三个部分共同协调配合完成，分别是算法、计算模式和大数据计算框架。

1. 算法

算法是大数据分析和挖掘的核心部分，机器学习为大数据挖掘提供了丰富的算法，这些算法可以应用于不同的分析场景。常用的算法包括分类/回归算法、聚类算法、关联规则算法等。在大数据挖掘的实战中，需要借助分布式计算的架构，对优化器、矩阵计算、集成学习等根技术进行高效分布式化。本书第 3 章、第 5 章会循序渐进地介绍这些根技术和算法，以及它们的分布式实现方法。鲲鹏 BoostKit 机器学习算法库提供了众多高性能算法，详情见 4.3 节。除此之外，常见的分布式机器学习算法库还有 Spark MLlib、Dask-ML 和 Mahout 等。

随着深度学习的快速发展，一些深度学习算法与现有大数据框架进行结合，如 SparkNet、Caffe On Spark 等。

2. 计算模式

大数据计算模式是针对大数据的不同结构形式以及不同的分布式计算过程而设计的计算方法，具体包括批处理模式、流计算模式、交互查询计算模式和图计算模式。

- 批处理模式：最基础、历史最悠久的大数据计算模式，起初主要针对海量、静态的数据进行处理。典型的大数据批处理框架是 Hadoop，由 HDFS 负责静态数据的存储，通过 MapReduce 实现计算逻辑。早期的批处理计算模式存在组合过程，需要人工设计，且计算各阶段需要同步，导致执行效率较低。为克服上述问题，业界提出了 DAG（有向无环图）的批处理计算模型，其核心思想是把任务在内部分解为若干存在先后顺序的子任务，由此可以更灵活地表达各种复杂的依赖关系。Microsoft Dryad、Google FlumeJava、Apache Tez 是最早出现的 DAG 模型。之后的 Dryad 定义了串接、全连接、融合等若干简单的 DAG 结构，通过组合这些简单结构来描述更复杂的任务，FlumeJava、Tez 则通过组合若干 MapReduce 形成 DAG 任务，以获得更好的性能。

- 流计算模式：大数据时代下，数据的产生具有高速性和动态性的特点。数据计算需要实时处理，并考虑容错、拥塞控制等问题，避免数据遗漏或重复计算。流计算模式是针对这一类问题提出的解决方案，一般也采用 DAG 模型。常用的流计算框架有 Google MillWheel、Twitter Heron、Apache 的 Storm、Samza、S4、Flink、Apex 和 Gearpump 等。

- 交互查询计算模式：在考虑大数据的可靠存储和高效计算的同时，也需要考虑为数据分析人员提供便利的分析方式，而交互查询计算模式就是针对这一问题而设计的。目前常用的交互查询计算框架有 Google 的 Dremel 和 PowerDrill，Facebook 开发的 Presto，Hadoop 服务商 Cloudera 和 HortonWorks

分别开发的 Impala 和 Stinger，以及 Apache 的 Hive、Drill、Tajo、Kylin、MRQL 等。

- 图计算模式：主要用于处理大数据中的图结构数据。典型的图计算框架有 Spark GraphX、Google Pregel、Neo4j 和 Microsoft Trinity 等。

3. 大数据计算框架

大数据计算框架指大数据处理的技术标准和计算架构，以及一系列开发技术与开发工具集成环境。目前常用的分布式大数据计算框架包括 Hadoop、Spark、Flink、Ray、Storm 和 Samza 等，本书 2.5 节将重点介绍其中的几个分布式框架。

1.4.3 大数据可视化和应用系统

大数据可视化有别于传统的数据可视化。传统的可视化方法如柱状图、饼状图、直方图、散点图、折线图等，在面对大规模结构化、半结构化和非结构化数据时，就显得无能为力了。大数据可视化包括数据可视化、指标可视化、数据关系可视化和背景数据可视化等技术。

数据可视化包括海量散点图、分组散点图、气泡图、热力图、立体热力图、网格图、立体柱状图、道路密度分级渲染、道路热力渲染、静态线图、飞线图、动态网格密度图和蜂窝网格密度图等。

指标可视化指在可视化过程中，将设计指标用含有实际含义的图形图像来表示。比如，在表示苹果手机的相关数据时，可以直接采用苹果商标为背景来呈现。

数据关系可视化用于展现数据之间的关联性，背景数据可视化用于呈现数据产生的背景和溯源信息，这两者都是根据被展示的相关信息的可达性、最优性、最简化等进行设计和呈现的。

常用的可视化工具包括 Tableau、Google Chart、D3.js、Google Fusion Tables、Modest Maps、Leaflet 等。

1.5 大数据挖掘技术的特性

大数据挖掘与传统数据挖掘在思维模式、计算模式和实现方式上都有所不同。

1. 大数据挖掘与传统数据挖掘在思维模式上的不同

- 采样模式：传统的数据采样以随机采样为主，这主要由于传统统计方法不易获取数据。随机采样的问题包括：很难绝对随机，往往存在偏差；针对特定问题，一旦问题变化，采样失效；易受数据变化影响，数据变化后需要重新采样。大数据技术受益于云计算技术的发展，数据采集、通信、存储、计算的成本低廉，因而大数据挖掘会着重于采集和利用更全面的数据，降低了采样对挖掘效果的影响。

- 数据精确性：传统小数据条件下，对数据的基本要求是尽量精确，尤其是在随机采样时，少量错误数据会导致模型错误放大。而大数据条件下，如果试图保持数据的精确性，不但耗费巨大，而且不是必需的，有时牺牲数据的精确性可以获得来源更广泛的数据，并且可以通过数据间的关联提高数据挖掘分析结果的精确性。

- 因果性和关联性：传统数据分析和预测常使用因果关系分析和关联关系分析。前者通常基于逻辑推理，代价较大，尤其是在大数据条件下，因果关系的严格性使得数据量的增加并不一定有利于得到因果关系，反而关联关系更容易获得。著名的"啤酒加尿布"的例子中，人们发现啤酒和尿布在客户的商品购买清单上具有密切的关联关系，而这一分析结果对商业运营至关重要。然而与关联关系相比，啤酒和尿布是否直接存在某种因果关系就不是很重要了。

2. 大数据挖掘与传统数据挖掘在计算模式上的不同

- 近似性（inexact）：大数据条件下，传统精确计算中的易解问题，会成为实际上的难解问题。而应用需求旨在寻找数据间潜在的关联关系和宏观趋势特征，允许利用一定区间内的非精确解。因此近似计算成为大数据挖掘技术中的一个重要方向，通过高效的近似算法求得可以接受的近似解，大幅节省计算、存储、通信等资源，被广泛应用于实际业务中。

- 增量性（incremental）：大数据往往动态产生，持续更新，如果每次数据更新都进行全量计算，则无法适应时效性要求高的场景；同时，随着时间的增加，全量累积数据逐渐增多，计算耗时和所需资源会随之膨胀，这将导致业务系统越来越慢甚至崩溃。因而增量式算法成为一种重要技术，每次只计算当前数据，在求解精度不变或略微降低的情况下，保证了业务系统的稳定性。

- 归纳性（inductive）：大数据的多源异构性为大数据挖掘带来了新的挑战和机遇。通过寻找同一实体在多源数据之间的潜在关联性，有助于进一步规避数据中的噪声干扰，并通过多源数据处理的归纳融合，修正近似计算引入的偏差，同时获得对较单一数据源更好的处理效果。

3. 大数据挖掘与传统数据挖掘在实现方式上的不同

1）计算性能：传统数据挖掘的性能与计算复杂度相关，而大数据挖掘还会受到通信量、通信方式、负载均衡等分布式计算因素的影响，因而算法的选型和实现方式上会有较大不同。例如：

- 在计算 SVD（奇异值分解，Singular Value Decomposition）时，单机算法常用的 Jacobi 方法[9] 由于需要频繁交换矩阵的列，通信开销过大，因此不适合大数据计算。

- 在计算分布式矩阵乘法时，由于 MPI 通信框架下的 SUMMA 算法[10] 涉及点对点通信，而 Spark 不支持这种通信模式，因此无法应用于 Spark 分布式框架中，需要结合 Spark 特点来设计相关算法。

2）计算精度和效率：大数据计算量很大，因而大数据挖掘算法通常采用近似计算和增量计算等方式来降低计算量，如何在这种情况下保证算法精度是技术难点。例如：

- 在近邻计算中，想要为某个样本在海量数据中找到与其最相似的若干样本，传统数据挖掘方法如KNN（K近邻，K-Nearest Neighbors）算法需要计算该样本与所有样本的距离，难以支撑海量、高维数据。而大数据挖掘算法中的HNSW[11]等方法通过构建高效索引，能够快速返回相似样本，同时保证一定的精度，更适合搜索、推荐等实时性要求高且精度要求不严苛的大数据场景。

- 在Word2Vec算法中，高质量的词向量需要大量的训练数据，达到完全收敛的训练耗时很长，影响业务中向量库的更新频率。因而大数据场景下，算法实现需要同时考虑原理和工程上的优化措施，在减少迭代次数的同时，降低单轮迭代耗时，提升整体计算效率。

1.6 新技术浪潮下的大数据挖掘技术

近十年来，从硬件到软件，从算法到平台，大数据相关技术迅猛发展。尤其是与大数据技术密切相关的机器学习和云计算的技术进步，对大数据挖掘技术产生了重要影响。

1. 机器学习技术的飞速发展推动大数据挖掘在算法上的技术进步

机器学习算法是大数据处理系统中的关键技术，为大数据挖掘提供了强有力的算法支持。传统的机器学习方法一般不会关注大数据特有的"4V"等问题，因而无法从大规模真实数据中有效地挖掘出知识。分布式机器学习算法从大数据的角度出发，考虑其近似性、增量性等特点来设计算法，并结合分布式计算引擎的特点进行高效实现，真正满足大数据挖掘的要求。

2. 云计算是大数据挖掘的支撑，大数据挖掘是云计算的重要应用

云计算是在数据量增多、数据格式变化增大、数据实时性要求越来越高的大数据技术的应用背景下产生的技术架构和商业模式。可以说，云计算是大数据挖掘的 IT 基础和平台，大数据挖掘是云计算最重要、最关键的应用。云计算的重要特性是方便用户对数据进行存储、访问和使用，从而更便捷地达到目的。当我们探讨大数据挖掘和分析技术改进的时候，如果不从云计算的角度去思考和设计方案，数据往往难以得到充分利用，无法产生"4V"中的价值（Value）。

3. 应用鲲鹏 BoostKit 大数据使能套件，提升大数据计算和数据挖掘算法性能

鲲鹏芯片是华为自主研发的高性能处理器，拥有完整的软硬件生态和大数据服务生态。鲲鹏 BoostKit 大数据使能套件聚焦大数据关键技术，提供了全栈的大数据优化组件，让数据处理更快、更简单。其中，鲲鹏 BoostKit 机器学习算法库包含了众多高性能分布式机器学习算法，能够支撑海量数据的高效计算，从而提升大数据计算和挖掘的整体性能。更多详情请阅读第 4 章。

参考文献

［1］THOMAS H D, JILL D. Big Data in Big Companies ：Executive Summary ［R/OL］. https://www. ciosummits. com/media/solution_spotlight/106462_0713. pdf.

［2］新科技观察 . 美国政府《大数据研究和发展计划》全文［Z/OL］. (2017-02-24). https://www. sohu. com/a/127161244_472897.

［3］澎湃政务：黔微普法 .【重磅】"十四五"规划纲要（全文）［Z/OL］. (2013-03-13). https://m. thepaper. cn/baijiahao_11693278.

［4］MANYIKAJ, MICHAEL C, BRAD B, et al. Big Data：The Next Frontier for Innovation, Comptetion, and Productivity［R］. New York：Mckinsey Digital, 2011.

［5］数据派 THU.【独家】一文读懂大数据计算框架与平台［Z/OL］. (2018-01-29). https://cloud. tencent. com/developer/article/1030476.

［6］王振武 . 大数据挖掘与应用［M］. 北京：清华大学出版社，2017.

［7］武志学．大数据导论思维、技术与应用［M］．北京：人民邮电出版社，2018.

［8］刘化君，吴海涛，毛其林．大数据技术［M］．北京：电子工业出版社，2019.

［9］XIAO P，WANG Z G，RAJASEKARAN S. Novel Speedup Techniques for Parallel Singular Value Decompsition［C］//2018 IEEE 20th International Conference on High Performance Compuing and Comunictions. Cambridge：IEEE，2018：188-195.

［10］ROBERT A，GEIJN V D，WATTS J. SUMMA：Scalable Universal Matrix Multiplication Algorithm［R］. Austin：University of Texas at Austin，1998.

［11］MALKOV Y A，YASHUNIN D A. Efficient and robust approximate nearest neighbor search using Hierarchical Navigable Small World graphs［J］. IEEE Transactions on Pattern Analysis and Machine Intelligence，2020，42（4）：824-836.

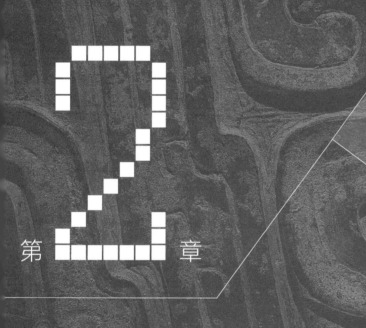

第2章

分布式开发框架

分布式技术是大数据挖掘的支撑，是支持算法处理海量数据的关键技术。本章将以点带面地阐述典型的分布式并行策略、分布式协调管理、分布式通信机制与拓扑以及分布式算法，并介绍几种业界主流的分布式架构。帮助读者结合业务特点选择合适的分布式开发框架，搭建大数据挖掘任务流；同时也帮助读者理解分布式的并行策略、协调等思想，为阅读后续实战章节打下基础，从而开发出高性能的大数据挖掘算法。

读者如果不关注分布式框架的实现思想可以跳过本章前 4 节的技术细节，直接阅读 2.5 节。关于各分布式架构更为详细的原理、安装和使用方法，可以从其各自官方网站中获取更多信息。

2.1 分布式并行策略

随着计算技术的发展，有些问题需要非常巨大的计算能力才能解决，如果采用集中式计算，则需要耗费相当长的时间。分布式并行策略将一个需要非常巨大的计算能力才能解决的问题分成许多小的部分，利用多个独立的计算机来解决单个节点（计算机）无法处理的存储、计算问题，最后把这些计算结果综合起来得到最终结果，这是非常典型的分而治之的思想。分布式并行策略主要可分为：数据并行和模型并行。接下来，分别对二者进行介绍。

2.1.1 数据并行

伴随着数据规模的爆炸式增长，数据并行分析处理技术也在不断改进，以满足大数据处理对实时性的需求。在现代的深度学习中，由于模型参数的增加、数据集大小的疯狂增长，数据并行也成为分布式机器学习系统的重要支撑模式。在分布式机器学习中，数据并行（data parallelism）即不同的机器各自拥有同一个模型的副本，每个机器分配到不同的数据进行计算，然后将所有机器的计算结果按照某种方式合并。

为了支持更多的数据，传统的数据管理系统往往采用纵向扩展（scale up）的方式，即不增加机器数量，而是通过改善单机硬件资源配置来解决问题。目前主流的分布式开发框架通常采用横向扩展（scale out）的方式支持系统扩展，即通过增加机器数量来获得水平扩展能力。那么，待存储的海量数据就需要通过数据分片（sharding/partition）来将数据进行切分并分配到各个机器中以实现系统的水平扩展，进而实现数据并行。

数据分片将数据子集尽可能均衡的划分到各个物理节点上，以达到消除性能瓶颈以及提升可用性的目的。数据分片的拆分方式可分为垂直分片和水平分片。

- 垂直分片：又称为纵向拆分，是按照业务拆分的方式。在拆分之前，一个大数据集由多个数据表构成，每个表对应着不同的业务。而拆分之后，则是按照业务将表进行归类，分配到不同的机器中，从而将压力分散至不同的计算节点。垂直分片往往需要对架构和设计进行调整。通常来讲，垂直分片来不及应对快速变化的互联网业务需求；而且，它也无法真正地解决单点瓶颈问题。垂直分片可以缓解数据量和访问量带来的问题，但无法根治。如果垂直分片之后表中的数据量依然超过单节点所能承载的阈值，则需要通过水平分片进一步处理。
- 水平分片：又称为横向拆分。相对于垂直分片，它不再将数据根据业务逻辑分类，而是通过某个字段（或某几个字段），根据某种规则将数据分散至多个库或表中，每个分片仅包含一部分数据。比如，可以根据主键分片（将数据水平拆分的关键字段称为分片键），偶数主键的记录放入第 0 库，奇数主键的记录放入第 1 库。水平分片从理论上突破了单机数据量处理的瓶颈，并且扩展相对自由，是较常用的数据切分解决方案。

2.1.2　模型并行

如果机器学习任务中涉及的模型规模很大，不能存储到工作节点的本地内存中，就需要对模型进行划分，然后各个工作节点负责本地局部模型的参数更新，即所谓的模型并行（model parallelism）。接下来，以线性模型、树模型以及神经网络三种典型模型为例，介绍相应模型的并行计算模式的主要思想。

1. 线性模型

在线性任务中，参数一般都和输入维度一一对应，数据的维度很高就会导致单个节点无法运行。可以将模型按照数据维度划分，因为线性模型中的每个参数都是可分的，梯度下降的计算不依赖其他的参数。把模型和数据按维度均等划分，分配到不同的工作节点，在每个工作节点使用坐标下降法进行优化。在每次迭代中，假设有 n 个节点，从各个节点对应的数据集中随机抽取 k 个维度，则每次更新 kn 个维度对应的参数。

对于线性模型而言，目标函数对于各个变量是可分的，也就是说某个维度的参数/梯度更新只依赖一些与目标函数值有关的全局变量，而不依赖其他维度的参数取值。于是，为了实现本地参数的更新，只需要对这些全局变量进行通信，不需要对其他节点的模型参数进行通信。这是可分性模型进行模型并行的基本原理。

2. 树模型

决策树是一个简单而有效的模型，能够提供人们可以理解的决策规则是它的主要优点之一。但决策树也有很多缺点，尤其在大数据集上进行训练时，对所有数值特征进行排序需要花费大量运行时间和内存存储。研究并行算法，充分利用分布式平台带来的优势，可以提高算法的效率，也是解决这个问题的有效途径。

树模型并行计算模式的代表为随机森林的分布式训练算法。该算法主要为各个工作节点分配部分树模型（即树的部分结点），使之能够进行并行训练。为了实现这个目的，需要将训练分为两个阶段。在训练的第一阶段，需借助数据并行的方式对随机森林进行训练。在执行第一阶段的同时，根据一定规则，将适当的树结点及其训练所需的样本数据进行标记，而后存储在单独的本地训练队列中。接着，在训练的第二阶段，各个工作节点并行训练本地树结点队列，达到模型并行的目的。以上就是树模型并行计算的主要思想，具体算法细节可以参考 5.3 节的详细描述。

3. 神经网络

神经网络由于具有很强的非线性特征，参数之间的依赖关系比线性模型严重很多，不能进行简单的划分，也无法使用类似线性模型的技巧通过一个全局中间变量实现高效的模型并行。但是事物总有两面性，神经网络的层次化解耦为模型并行带来了一定的便利性，比如可以横向按层划分、纵向跨层划分和利用神经网络参数的冗余性进行随机划分。不同划分模式对应的通信内容和通信量是不相同的。

（1）横向按层划分

如果神经网络很深，一个自然并且易于实现的模型并行方法是将整个神经网络横向划分为 K 个部分，每个工作节点承担一层或者几层的计算任务。如果某工作节点缺少计算所需要的信息，则向相应的其他工作节点请求相关的信息。模型横向划分的时候，通常会结合各层的节点数目，尽可能使得各个工作节点的计算量均衡。

（2）纵向跨层划分

神经网络除了有深度还有宽度（通常情况下宽度会大于深度），因此除了上面介绍的横向按层划分外，自然还可以纵向跨层划分网络，也就是将每一层的隐含节点分配给不同的工作节点。工作节点存储并更新这些纵向子网络。在前向和后传过程中，如果需要子模型以外的激活函数和误差传播值，当前工作节点则向对应的工作节点请求相关信息进行通信。各个节点除了需要存储对应神经元的参数以外，还要存储每个神经元和相邻节点的神经元的关系。

横向按层划分和纵向跨层划分这两种方法，在存储量和存储形式、传输量以及传输等待时间等方面都有不同。在实际应用中，可以根据具体的网络结构来选取合适的方法。一般而言，如果每层的神经元数目不多但层数较多，可以考虑横向按层划分；反之，如果每层的神经元数目很多但层数较少，则应该考虑纵向跨层划分。如果学习任务中的神经网络层数和每层的神经元数目都很大，则可能需要综合使用横向按层划分和纵向跨层划分。

（3）模型随机并行

随机并行是为了解决纵向和横向划分通信代价高昂的问题而产生的。一般情况下，神经网络具有一定的冗余性，也就是说可以找到一个规模小却与原网络有几乎相同效果的子网络（称为骨架网络）。如果将网络参数可视化处理，会发现其中很多的参数都为 0，因此，按照某种准则在原网络中选出骨架网络是可行的。将选出的骨架网络作为公用子网络存储在每个工作节点中，除此之外，每个工作节点还会随机选取一些其他节点进行存储，以探索骨架网络之外的信息。随机并行方法会周期性地依据新的网络重新选取骨架网络，并随机选取用于探索的节点。

2.2 分布式协调

大规模分布式系统需要解决各种类型的协调需求。以动态配置管理为例，当系统中心加入一个进程或者物理机时，如何自动获得配置参数？当配置项被某个进程或者物理机改变时，如何实时通知被影响的其他进程或机器？其他类型的协调工作还有很多，比如当主控服务器发生故障时，为了使系统不至于瘫痪，如何快速从备份机中选出新的主控服务器？如何在分布式环境下实现锁服务？当分布式系统负载过高时，可以动态加入新机器通过水平扩展来进行负载均衡，此时分布式系统如何自动探测到有一台新机器加入进来？如何自动向其分配任务？这些本质上都是分布式环境下的协调管理问题。分布式协调技术主要用来解决分布式环境中多个进程之间的同步控制，让它们有序地访问某种临界资源，防止产生脏数据。本节以著名的 Yahoo! ZooKeeper 系统[1] 为例，介绍大规模分布式系统下的协调管理。

2.2.1 ZooKeeper 简介

ZooKeeper 是一个分布式协调服务的开源框架，起源于 Yahoo! 研究院的一个研究小组。ZooKeeper 主要用来解决分布式集群中应用系统的一致性问题，例如，如何避免同时操作同一数据造成脏读（读出无效数据）的问题等。

ZooKeeper 本质上是一个分布式的小文件存储系统，提供基于类似文件系统的目录树方式的数据存储，并且可以对树中的节点进行有效管理，从而维护和监控存储数据的状态变化。通过监控这些数据的状态变化，从而实现基于数据的集群管理，如统一命名服务、分布式配置管理、分布式消息队列、分布式锁、分布式协调等功能。

ZooKeeper 具有全局数据一致性、可靠性、顺序性、数据更新原子性以及实时性的特性，可以说 ZooKeeper 的其他特性都是为了满足 ZooKeeper 的全局数据一致性。

- 全局数据一致性

每个服务器都保存一份相同的数据副本，客户端连接到集群的任意节点上，看到的目录树都是一致的（即数据都是一致的），这是 ZooKeeper 最重要的特征。

- 可靠性

如果消息（对目录结构的增、删、改、查）被其中一台服务器接收，那么将被所有的服务器接收。

- 顺序性

ZooKeeper 的顺序性主要分为全局有序和偏序两种。其中全局有序是指如果在一台服务器上消息 A 在消息 B 之前发布，则在所有服务器上消息 A 都将在消息 B 之前被发布；偏序是指如果一个消息 B 在消息 A 之后被同一台服务器发布，则 A 必将排在 B 前面。无论全局有序还是偏序，其目的都是为了保证 ZooKeeper 的全局数据一致性。

- 数据更新原子性

一次数据更新操作要么成功（半数以上节点成功），要么失败，不存在中间状态。

- 实时性

ZooKeeper 保证客户端将在一个时间间隔范围内获得服务器的更新信息，或者服务器失效的信息。

2.2.2 数据模型

ZooKeeper 的数据模型类似于一个文件系统，但是 ZooKeeper 并不是一个文件系统，它只是使用了与文件系统类似的树形结构来管理数据，称为数据树（data tree），如图 2-1 所示。数据树上的每个节点称为 Znode，每个 Znode 都可以使用类似 UNIX 系统中的路径（path）来标识。Znode 有常规（regular）节点和临时（ephemeral）节点两种类型。其中，常规 Znode 在创建之后必须由客户端删除，否则会一直存在；而临时 Znode 在创建之后可以由客户端删除，也可以由系统自动删除。此外，

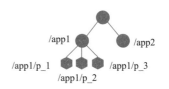

图 2-1　ZooKeeper 数据模型[2]

每个 Znode 可以指定一个顺序性（sequential）属性。当给一个 Znode 指定了 sequential 属性后，这个 Znode 下创建的所有子节点都会在名字的末尾添加一个单调递增的编号，先创建的子节点编号小，后创建的子节点编号大。

客户端可以给每个 Znode 都设置一个观察器（watch），Znode 发生变化时（如修改或删除了 Znode），客户端会收到通知（notification），告知该客户端这个 Znode 的数据发生了变化。

当某个客户端连接到 ZooKeeper 后，它会保持一个长连接，并且会创建一个会话（Session），每个 Session 都有超时（time out）时间，如果客户端没有在设定的时间内收到客户端发来的"心跳"，ZooKeeper 就认为这个客户端已经宕机，并会对 Session 执行关闭操作。客户端自己也可以主动关闭这个 Session。关闭后，这个 Session 对应的客户端创建的临时 Znode 和观察器都会失效，随着这个 Session 一同被 ZooKeeper 删除。

2.2.3　ZooKeeper 体系结构

ZooKeeper 是一个高吞吐的分布式协调系统，可以同时响应上万个客户端请求。物理上 ZooKeeper 服务由若干台服务器构成，是一个主从集群（如图 2-2 所示），采用首要备份模式（primary backup schema）。逻辑上，ZooKeeper 服务由请求处理器（request processor）、原子广播（atomic broadcast）和多副本的数据库（replicated database）三个逻辑组件组成，每个逻辑组件在每个服务器中都存在。原子广

播组件采用的是 ZooKeeper 原子广播（ZooKeeper Atomic Broadcast，ZAB）算法，采用领导跟随模式（leader-follower schema），其中有主控服务器（Leader）和从属服务器（Follower）两种角色，访问量比较大的 ZooKeeper 集群还可以增设观察者（Observer）；每台服务器内存中维护相同的类似于文件系统的树形数据结构，各角色各司其职，共同完成分布式协调服务。

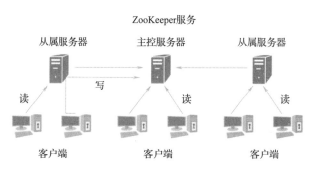

图 2-2　ZooKeeper 体系结构

　　客户端可以通过 TCP 连接任意一台服务器，如果是读请求（read request），则任意一个服务器都可以直接处理，这也是它吞吐量高的主要原因；如果是写请求（write request），如写数据或者更新数据，则由请求处理器处理，并且只由首要（primary）进程上的请求处理器处理，首要进程将事务传给 ZAB 中的 Leader，也就是 ZAB 算法要广播的消息；如果客户端连接的是 Follower，那么 Follower 会将写请求转发到 Leader，由其处理。ZooKeeper 的首要进程与 ZAB 算法的 Leader 被刻意地安排给同一个进程担任，这样就可以共用相同的选举功能，并且把从首要进程到 Leader 的广播接口变成本地调用。Leader 将所有写请求序列化，客户端通过 TCP 连接，可以保证客户端请求的顺序性，且系统内所有写请求都会被转发到 Leader，Leader 顺序执行每一个接收到的请求，ZAB 算法实现了写操作的线性一致性。ZAB 一致性协议将数据更新请求通知所有 Follower，ZAB 保证更新操作的一致性及顺序性（即 Follower 的数据更新顺序和 Leader 的更新顺序相同）。ZAB 一致性协议采用简单的多数投票仲裁（majority ouorums）方式，也就是说只有多数投票服务器存活时 ZooKeeper 才能正常运行。若多数 Follower 向 Leader 确认更新成功，则可以通知客户端本次更新操作成功。

由于客户端的读操作可以由 ZooKeeper 的任意一台服务器响应，客户端有可能会读到过期的数据，那么，ZooKeeper 系统就不满足线性一致性。比如，Leader 已经更新了某个内存数据，但 ZAB 算法可能还没有将其广播到各 Follower。为了解决此问题，ZooKeeper 在 API 函数中提供了 Sync 操作，供应用在读数据前根据其需要进行调用，接收到 Sync 命令的 Follower 从 Leader 同步状态信息，保证两者完全一致，这保证了客户端一定可以读取到最新状态的数据。顺序一致性对 ZooKeeper 来说是非常重要的，它是 ZooKeeper 能够完成作为协调服务所需支持的应用场景的重要保证。

2.2.4 分布式锁

分布式锁的实现主要得益于 ZooKeeper 保持了数据的强一致性。锁服务可以分为两类，一类是保持独占，另一类是控制时序。所谓保持独占，就是在所有试图获取这把锁的客户端中，最终只有一个客户端可以成功获得这把锁，从而执行相应操作（通常把 ZooKeeper 上的一个 Znode 看作是一把锁，通过创建临时节点的方式来实现）。控制时序则是所有试图获取锁的客户端最终都会被执行，只是存在全局时序。它的实现方法和保持独占基本类似，这里预先存在分布式锁（Distributed Lock），客户端在它下面创建临时序列化节点（这可以通过节点的 ephemeral 属性控制），并根据序列号大小进行时序性操作。

2.3 分布式通信

通信是分布式架构的一个基本问题，本节将从分布式通信机制和分布式通信拓扑两个方面展开介绍。

基于鲲鹏的大数据挖掘算法实战

2.3.1 分布式通信机制

1. 序列化与远程过程调用

在分布式领域中，一个系统由很多服务组成，不同的服务由各自的进程单独负责。因此，远程调用在分布式通信中尤为重要。许多分布式系统是在进程间显示地进行消息交换的，且消息发送和接收时的通信过程管理是非常复杂的。远程过程调用（Remote Procedure Call，RPC）指不同机器中运行的进程之间的相互通信（这是 RPC 机制的重点），在通信细节隐藏的情况下，就像访问本地服务一样，去调用远程机器上的服务，简化了通信过程。

一般 RPC 框架会融合数据序列化和反序列功能，以实现高效的数据存取与通信。很多应用直接使用 JSON 或者 XML 作为数据通信格式。与专用的序列化与反序列化框架相比，RPC 框架因为必须反复传输相同的数据 Schema 信息，所以在通信效率方面不如专用序列化框架高。图 2-3 是一个集成了序列化与 RPC 的简单框架，很多大数据系统在进程间远程通信时都基本遵循此框架流程。常用的序列化与 RPC 框架有 PB（Protocol Buffer）、Thrift 和 Avro。

图 2-3　序列化与 RPC 框架[3]

Avro 是 Apache 开源的序列化与 RPC 框架，是一个二进制的数据序列化系统，应用于 Hadoop 的数据存储与内部通信。Avro 依赖于模式（Schema），使用 JSON 作为 IDL 定义语言，可以灵活地定义数据 Schema 及 RPC 通信协议，提供了简洁快速的二进制数据格式，并能和动态语言进行集成。

Avro 通过模式定义各种数据结构，只有确定了模式才能对数据进行解释，所以在数据的序列化和反序列化之前，必须先确定模式的结构。正是模式的引入，使得数据具有了自描述的功能，同时能够实现动态加载。数据 Schema 使用 JSON 描述并存放在数据文件的起始部分，数据以二进制形式存储，这样在进行数据序列化和反序列化时速度很快且占用的额外存储空间很少。与其他的数据序列化系统（如 Thrift）相比，Avro 的数据之间不存在其他的任何标识，有利于提高数据处理的效率。对于 RPC 通信场景，调用方和被调用方在进行握手（Hand-shake）时交换数据 Schema 信息，这样双方即可根据数据 Schema 正确解析对应的数据字段。同时，Avro 也支持 C++、Java、Python 等 6 种编程语言 API。

2. 消息队列

消息队列（Message Queue，MQ）是设计大规模分布式系统时经常使用的中间件产品。消息队列中间件（简称消息中间件）指利用高效可靠的消息传递机制进行与平台无关的数据交流，并基于数据通信来进行分布式系统的集成。通过提供消息传递和消息排队模型，它可以在分布式环境下提供应用解耦、弹性伸缩、冗余存储、流量削峰、异步通信、数据同步等功能，其作为分布式系统架构中的一个重要组件，有着举足轻重的地位。分布式系统构件之间通过传递消息可以解除相互之间的功能耦合，这样可以减轻子系统之间的依赖，使得各个子系统或者构件可以独立演进、维护或者重用。分布式消息传递基于可靠的消息队列，在客户端应用和消息系统之间异步传递消息。这里的消息是构件之间信息传递的单位，也就是同一台机器的进程之间或不同机器之间传输的数据，其可以是简单类型（比如字符串），也可以是复杂的对象。消息队列是在消息传输过程中保存消息的容器或中间件，其主要目的是提供消息路由并保障消息可靠传递。

常见的消息系统包括 ZeroMQ、Kafka、ActiveMQ 和 RabbitMQ 等。一般这些消息系统都支持消息队列和发布-订阅（Pub-Sub）两种模式的队列。消息队列模式即消息生产者将消息存入队列，消息消费者从队列消费消息；发布-订阅模式则是消息生产者将消息发布到指定主题的队列中，而消息消费者订阅指定主题的队列消息，当订阅的主题有新消息时，消息消费者可以通过拉取（Pull）或者消息中间件通过推送（Push）的方式将消息消费掉。另外，为了保证送达消息，一般这些消息中间件也支持消息持久化存储（ZeroMQ 除外）。大部分的消息系统选用发布-订阅模式，Kafka 就是其中之一。接下来，我们以 Kafka 为代表，进行介绍。

Kafka 是一个高吞吐量的分布式发布-订阅消息系统，在实时计算系统中有着非常强大的功能，非常适合在海量数据集的应用程序中进行消息传递。Kafka 最初由 LinkedIn 公司开发，是基于 ZooKeeper 协调的分布式日志系统（也可以当作 MQ 系统），采用分布式消息发布与订阅机制，于 2010 年被贡献给了 Apache 基金会并成为顶级开源项目，在日志收集、流式数据传输、在线/离线系统分析、实时监控等领域均有广泛的应用。目前越来越多的开源分布式处理系统如 Cloudera、Apache Storm、Spark、Flink 等都支持与 Kafka 集成。华为云分布式消息服务 Kafka 版即是一款基于开源社区版 Kafka 提供的消息队列服务，向用户提供计算、存储和带宽资源独占式的 Kafka 专享实例。

在发布-订阅消息传递模式中，主要有发布（Publish）和订阅（Subscribe）两部分，而主题则是发布和订阅之间的关联点（如图 2-4 所示）。Kafka 中的消息以主题为单位进行归类，生产者负责将消息发送到特定的主题（发送到 Kafka 集群中的每条消息都有一个主题），而消费者负责订阅主题并进行消费。Kafka 的架构描述涉及如下概念。

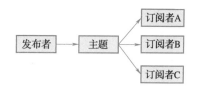

图 2-4　发布-订阅消息传递模式

- 主题（Topic）：属于特定类别的消息流，

  即在内部对应某个名字的消息队列。逻辑上，一个 Topic 的消息保存于一个或多个 Broker（服务代理）上，用户只需指定消息的 Topic 即可生产或消费数据而不必关心数据存于何处；Topic 也是消息队列的一种发布与订阅消息模型。一个主题会有多个消息的订阅者，当生产者向某个主题发布消息时，订阅这个主题的消费者都可以接收到消息。

- 生产者（Producer）：数据的发布者，即向 Kafka 集群的 Topic 发布消息的一方。发布消息的最终目的在于将消息内容传递给其他系统/模块，使对方按照约定处理该消息。

- 分区（Partition）：Topic 的物理分组。为了实现水平扩展与高可用，Kafka 将 Topic 的数据分割为一个或多个分区，每个分区的数据使用多个 segment 文件有序存储。每个 Topic 至少有一个 Partition，每个 Partition 是有序的、不可更改的尾部追加消息队列。
- 服务代理（Broker）：Kafka 集群中的消息中间件处理节点，也称服务器代理。Kafka 集群包含一个或多个服务器，每个服务节点即为 Broker，Broker 将接收到的消息追加到 segment 文件中。
- 消费者（Consumer）：通过订阅 Topic 来消费消息，消费者可以消费多个主题数据。消息由生产者发布到 Kafka 集群后，消费者会基于推送（Push）和拉取（Pull）两种模型来消费消息。订阅消息的最终目的在于处理消息内容，如在日志集成场景中，监控告警平台（消费者）从主题订阅日志消息，识别出告警日志并发送告警消息/邮件。

在物理意义上，可以把主题看作分区的日志文件，主题的所有消息分布式存储在各个分区中，每个分区都是有序的，不可变的记录序列，新的消息会不断地追加到日志中，分区中的每条消息都会按照时间顺序分配一个递增的顺序编号。

分区日志以分布式的方式存储在 Kafka 集群上，为了故障容错，每个分区都会以副本的方式复制到其他 Broker 节点上。分区在每个副本中存储一份全量数据，副本之间的消息数据保持同步，任何一个副本不可用，数据都不会丢失。每个分区都随机挑选一个副本作为 Leader，该分区所有消息的生产与消费都在 Leader 副本上完成，消息从 Leader 副本复制到其他副本（Follower）。Leader 负责所有客户端的读写操作，Follower 负责从它的 Leader 中同步数据。当 Leader 发生故障时，Follower 就会从该副本分区的 Follower 角色中选取新的 Leader。因为每个分区的副本中只有 Leader 副本接收读写请求，所以每个服务端中都会有 Leader 副本以及另外一些分区的 Follower 副本。整体上，Kafka 集群的所有服务端对客户端是负载均衡的。Kafka 的主题和分区属于逻辑概念，副本与代理属于物理概念。图 2-5 通过消息的生产与消费流向，解释了 Kafka 的分区、代理与主题间的关系。

　　　　　　　　　　基于鲲鹏的大数据挖掘算法实战

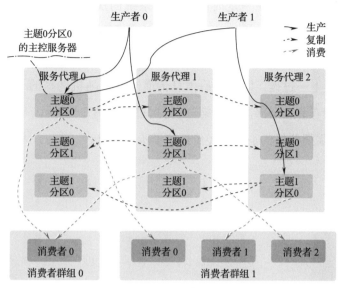

图 2-5　Kafka 的消息流

3. 应用层多播通信

如何将数据通知到网络中的多个接收方，即多播通信（multi-broadcast），一直是分布式系统中的一项重要研究内容。本部分介绍的多播通信是基于应用层的，指分布式应用系统内各个节点组织成一定的组织结构，并在此结构上实现多接收方的数据通信。这些节点常见的组织结构有分布式的哈希表（Distributed Hash Table，DHT）、树形结构、星形结构等，也有任意节点之间随意相连的没有明显结构的情况。在无结构的情况下，一种实现多播通信的原始方式是某个节点通知所有和其直接相连的其他节点，其他节点再依次传播给它们自己的相邻节点。这样，任意两个节点之间就可能出现很多可达通路，从而使信息传递具有较好的强壮性，但这也造成了消息的指数级增长，使得传播效率降低。因此，好的多播通信协议就显得尤为重要。Gossip 协议就是常用的应用层多播通信协议之一。

Gossip 协议也称为流行病（Epidemic）协议，实际上它还有很多别名，比如"流言算法""疫情传播算法"等。它的作用就像名字的含义一样，我们可以理解为像谣言或传染病一样，利用一种随机的、带有传染性的方式，将本地更新的数据传播到整个网络中，并在一定时间内实现系统内所有节点数据的最终一致性。其基本思想是当一个节点要向网络中的其他节点分享信息时，它会周期性地随机选择 N 个节点（N 被称为 fanout），并把信息传递给这些节点。这些收到信息的节点接下来会重复上一过程，即把这些信息传递给其他随机选择的 N 个节点。重复此过程，直至所有节点全部被"传染"（传播过程如图 2-6 所示，最终所有节点都变成深色），即需要传播的消息已经传播给了所有节点。

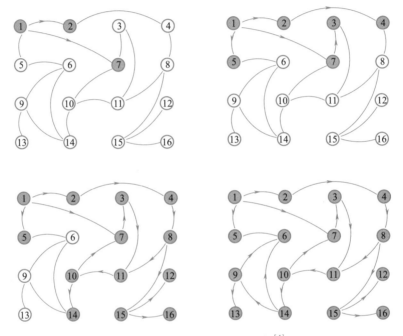

图 2-6　Gossip 执行过程示例[4]

Gossip 协议的核心方法有三种，分别为直接邮寄（direct Mail）、反熵（anti-entropy）和谣言传播（rumor mongering），其中反熵是最常用的，也是实现最终一致性的关键。"反熵"与信息论里用来衡量系统混乱无序程度的"熵"的含义正好相反，因为更新的信息经过几轮传播之后，集群内所有节点都会获得全局最新信息，系统也变得越来越有序，所以称为"反熵"。反熵是一种通过异步修复实现最终一致性的方法，即集群中的节点通过推（Push）和拉（Pull）两种方式互相交换数据来消除两者之间的差异。Push 模式和 Pull 模式的具体含义如下：

- Push 模式：节点 A 将更新数据推送给节点 B，节点 B 通过判断数据是否比本地数据要新来决定是否需要更新本地数据。
- Pull 模式：节点 A 从节点 B 获取数据，如果数据比节点 A 的本地信息要新，则节点 A 更新本地数据。

Gossip 协议的谣言传播与反熵相比，增加了传播停止判断，但因为它不能保证所有节点都能最终获得更新，所以一般在实践中不如反熵模型常用。

2.3.2 分布式通信拓扑

在了解了通信机制以后，还需要关心通信的拓扑结构，也就是哪些工作节点之间需要进行通信。接下来，介绍三种常用的通信拓扑结构：基于迭代式 MapReduce 的通信拓扑、基于 AllReduce 的通信拓扑以及基于参数服务器的通信拓扑。

1. 基于迭代式 MapReduce 的通信拓扑

MapReduce 作为一种分布式计算模型，主要用于解决海量数据的计算问题。MapReduce 将程序抽象为 Map 操作和 Reduce 操作。

- Map 操作：完成数据分发和并行处理，即把复杂的任务分解成若干个"简单任务"来并行处理，但前提是这些任务没有必然的依赖关系，可以单独执行任务。
- Reduce 操作：完成数据的全局同步和聚合，即把 Map 阶段的结果进行全局汇总。

有了 MapReduce 这个抽象的范式，我们只需要使用简单的原语就可以完成大规模数据的并行处理。迭代式 MapReduce 源于大数据处理的 MapReduce 方法，保留了经典 MapReduce 的拓扑结构和编程模式，让我们可以利用现有的系统简单高效地完成分布式机器学习任务。迭代式 MapReduce 是完全基于内存实现的，大大缩减了计算过程中的 I/O 代价；同时，考虑到机器学习任务中数据常常需要经历多次迭代，它引入了永久性存储（persistent store）机制，有效解决了 MapReduce 逻辑直接应用于分布式机器学习时遇到的两个问题：①完全依赖硬盘 I/O 的数据交互方法对于迭代式的机器学习效率太低；②在 MapReduce 范式下，计算过程的中间状态不能得到维持，使得反复迭代的机器学习过程无法高效衔接。

图 2-7 展示了依照顺序重复执行 Map 操作、Shuffle 操作和 Reduce 操作的整个计算流程的一个简单示例。当采用 MapReduce 机制来实现分布式机器学习时，其通信拓扑由 MapReduce 系统本身决定，与具体的工程实现有关。5.4 节会以 XG-Boost 的 BoostKit 实现为例进行更加详细的介绍。

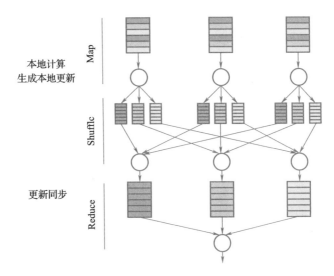

图 2-7　迭代式 MapReduce 示意图

2. 基于 AllReduce 的通信拓扑

消息通信接口（MPI）是实现分布式机器学习的另一种常用的分布式计算框架。通常，主要使用消息通信接口中的 AllReduce 接口来同步想要同步的信息，该接口支持所有符合 Reduce 规则的运算（如求和、求平均、求最大/最小值等）。分布式机器学习中基本的模型聚合方法主要是求和与求平均，正好与 AllReduce 的逻辑处理方式相符。

AllReduce 本身是通信原语，与 MapReduce 具有相似之处，其不同点在于 MapReduce 采用面向通用任务处理的多阶段执行任务的方式，AllReduce 则可以在必要时让

　　　　　　　　　　　　　　　　　　　　　基于鲲鹏的大数据挖掘算法实战

程序占领某一台机器，并在迭代时一直保持这种状态，从而避免重新分配资源带来的开销。AllReduce 中每个计算节点都维护一个全局模型的副本，每个计算节点上计算的本地结果会传递给其他所有计算节点，当节点收到来自其他所有节点的消息时，所有计算节点便会同时聚合相同的信息来更新它们的本地模型副本。

AllReduce 有 Ring 和 Tree 两种拓扑方式，其中 Ring AllReduce 是一种在原始 AllReduce 基础上改进的环形拓扑结构。与 AllReduce 不同，Ring AllReduce 中每台机器不会将其本地结果发送给其他所有机器，而是将其本地结果发送给下一台机器。如图 2-8a 所示，初始状态下，机器 A、B、C、D 分别包含本地结果 $\{a_i\}$、

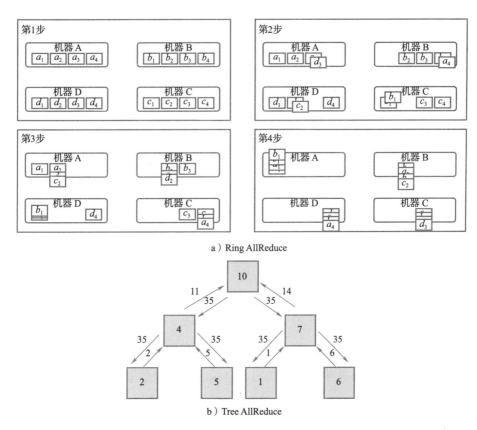

a）Ring AllReduce

b）Tree AllReduce

图 2-8　Ring AllReduce 和 Tree AllReduce 示意图[⊖]

⊖　图片来源于 ucbrise. github. io/cs294-ai-sys-fa19/assets/lectures/lec06_olistributed_training. pdf。

$\{b_i\}$、$\{c_i\}$、$\{d_i\}$。在第 2 步中，机器 B 向机器 C 发送参数 $\{b_i\}$，机器 C 向机器 D 发送参数 $\{c_i\}$，机器 D 向机器 A 发送参数 $\{d_i\}$，机器 A 向机器 B 发送参数 $\{a_i\}$。第 3 步和第 4 步与第 2 步的传递过程类似。最后在第 4 步，机器 A 可以聚集全部数据生成全局结果。通过上述过程，可以看出这种方式下机器的带宽是一个定值，并不会随着机器数的增加而变化。Tree AllReduce 则基于树形拓扑结构，如图 2-8b 所示，每个节点都保存一个数据子集以及本地计算结果（如梯度值等）。这些值沿着树形向上传递并在父节点聚合，直到在根节点中计算出全局聚合值，然后将全局值传递给其他所有节点。

从上述介绍中，通过对比 Ring AllReduce 和 Tree AllReduce 的通信方式，可以看出 Tree AllReduce 得益于树形结构，其延迟可限制在对数级；而 Ring AllReduce 中每台机器的通信量不会随着机器数的增加而增加，通信的速度仅受到 Ring 中相邻机器之间的最低带宽的制约，在多台机器并行计算时，可以实现计算性能的线性增长。

3. 基于参数服务器的通信拓扑

随着大规模机器学习的迅速发展，特别是深度学习的蓬勃发展，系统需要处理的数据越来越多，模型也越来越大，这就带来了许多新的问题和挑战。当机器学习任务中的模型参数非常多，超出单台机器的内存容量时，前面介绍的 AllReduce 架构也将无法胜任。为了解决这些问题，参数服务器的框架开始流行起来。在参数服务器框架下，服务器节点在工作节点之间全局收集和共享参数。

参数服务器框架系统中的所有节点逻辑上可以分为工作节点（Worker）和服务器节点（Server）。参数服务器（Parameter Server，PS）本身是参数服务器框架中的灵魂，它可以是单台服务器，也可以是一组服务器。各个工作节点负责处理本地的训练任务，并通过参数服务器的客户端 API 与参数服务器通信，以从参数服务器中获取最新的模型参数，或者将本地训练产生的模型更新到参数服务器。

从图 2-9 可以看出，工作节点和服务器节点之间彼此通信，而工作节点之间并不需要通信。当仅有一台服务器时，该拓扑结构便退化成一个简单的星形结构。这种通信拓扑将各个工作节点的计算相互隔离，只在工作节点与参数服务器之间进行交互。利用参数服务器提供的参数存取服务，各个工作节点可以独立于彼此工作。在基于参数服务器的分布式机器学习中，工作节点对全局参数的访问请求通常分为获取参数（PULL）和更新参数（PUSH）两类。服务器节点响应工作节点的请求，对参数进行存储和更新。采用这种通信拓扑，机器学习的步调既可以是同步的，也可以是异步的，甚至是同步和异步混合的。

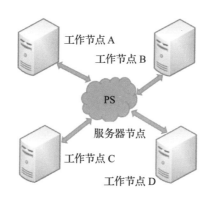

图 2-9　基于参数服务器的通信拓扑示意图

2.4 分布式一致性算法

分布式系统的执行存在着许多非稳定性的因素。由于这些多方面的差异，分布式算法的设计和分析，与集中式算法相比，要复杂得多，也困难得多。分布性和并发性是分布式算法的两个最基本的特征。如何保证分布式算法中的负载一致性、数据一致性和过程一致性，成为分布式算法的关键问题。下面分别介绍比较经典的可以保证负载一致性、数据一致性和过程一致性的分布式算法。

2.4.1　一致性哈希

分布式系统中，在做服务器负载均衡时可供选择的负载均衡算法有很多，一致性哈希算法（consistent hashing algorithm）[5] 是最常用的算法。

　　一致性哈希的优点是，当添加新机器或者删除机器时，不会影响全部数据的存储，而只是影响这台机器上存储的数据（这台机器所负责的环上的数据）；缺点是没有考虑到每台机器的异构性质，不能很好地实现负载均衡。

　　一致性哈希算法也是使用取模的思想。简单来说，一致性哈希将整个哈希值空间组织成一个虚拟的圆环。假设某哈希函数 H 的值空间为 $0 \sim (2^{32}-1)$（即哈希值是一个 32 位无符号整型），整个哈希空间环如图 2-10 所示。

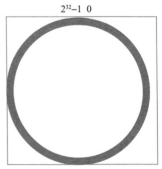

图 2-10　哈希空间环示例

　　$0 \sim (2^{32}-1)$ 代表的是一个个节点，这个环也叫哈希环。整个空间按顺时针方向组织，0 和 $2^{32}-1$ 在零点钟方向重合。

　　然后将节点按照一定的规则进行一次哈希，比如以 IP 地址或主机名作为关键字进行哈希，让节点落在哈希环⊖上。这里假设将三台服务器使用的 IP 地址进行哈希，其在环空间的位置如图 2-11 所示。

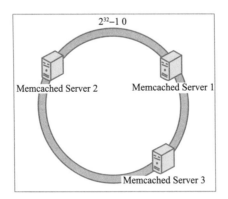

图 2-11　服务器使用 IP 地址哈希后的环空间位置示例
注：Memcached Server：高速运行的分布式缓存服务器。

　　⊖　除本章内容外，如读者想更多地了解哈希环，可前往 https://blog.codinglabs.org/articles/consistent-hashing.html。

　基于鲲鹏的大数据挖掘算法实战

接下来，通过数据 Key 使用相同的函数 H 计算出哈希值 h，根据 h 确定此数据在环上的节点，从此节点沿环顺时针"行走"，如果遇到了机器节点就落在这台机器上，遇到的第一台服务器就是其应该定位到的服务器。

例如，有 A、B、C、D 4 个数据对象，经过哈希计算后，在环空间上的位置如图 2-12 所示。

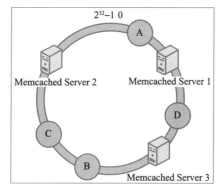

图 2-12　数据对象哈希后的环空间位置示例

根据一致性哈希算法，数据 A 会被定位到 Server1 上，D 被定位到 Server3 上，而 B、C 分别被定位到 Server2 上。现假设 Server3 宕机了，如图 2-13 所示。

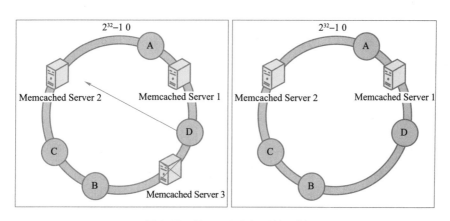

图 2-13　Server3 宕机时的示例

可以看到此时 A、C、B 不会受到影响，只有 D 被重定位到 Server2。一般在一致性哈希算法中，如果一台服务器不可用，则仅仅是此服务器到其环空间中前一台服务器（即沿逆时针方向行走遇到的第一台服务器）之间的数据对象受影响，不会影响到其他数据对象。

下面考虑另外一种情况，如果我们在系统中增加一台服务器（Memcached Server4），如图 2-14 所示。

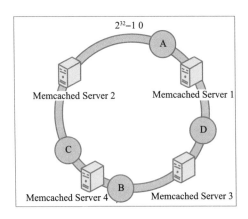

图 2-14 增加 Server4 的示例

此时 A、D、C 不受影响，只有 B 需要重定位到新的 Server4。一般在一致性哈希算法中，如果增加一台服务器，则受影响的仅仅是新服务器到其环空间中前一台服务器（即沿逆时针方向行走遇到的第一台服务器）之间的数据对象，其他数据对象不会受到影响。

综上所述，一致性哈希算法对于节点的增减都只需重定位环空间中的一小部分数据，具有较好的容错性和可扩展性。

一致性哈希算法在服务节点过少时，容易因为节点分布不均匀而导致数据倾斜（被缓存的对象大部分集中缓存在某一台服务器上）问题。比如只有 2 台机器，且这 2 台机器离得很近，那么顺时针第一个机器节点上的将存在大量数据，第二个机器节点上的数据会很少。如图 2-15 所示，Servel 机器承载了绝大多数的数据。

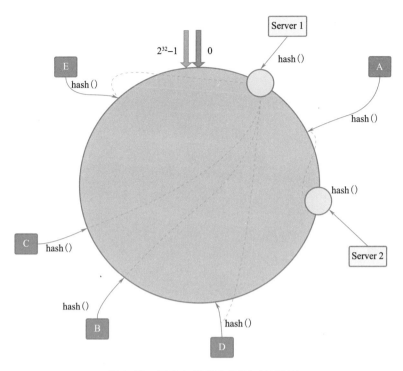

图 2-15　两台机器距离很近时的示例

　　为了避免出现数据倾斜问题，一致性哈希算法引入了虚拟节点的机制，也就是每个机器节点会进行多次哈希，最终每个机器节点在哈希环上会有多个虚拟节点存在。使用这种方式可以有效地防止物理节点（机器）映射到哈希环时出现分布不均匀的情况，大大削弱甚至避免数据倾斜产生的影响。同时数据定位算法不变，只是多了一步虚拟节点到实际节点的映射。如图 2-16 所示，定位到"Server1#1""Server1#2""Server1#3" 3 个虚拟节点的数据均定位到 Server1 上，这样就解决了服务节点过少时的数据倾斜问题。一般情况下，虚拟节点会比物理节点多很多，并可均匀分布在哈希环上，以提高负载均衡的能力。在实际应用中，通常将虚拟节点数设置为 32 甚至更大，因此即使很少的服务节点也能做到相对均匀的数据分布。

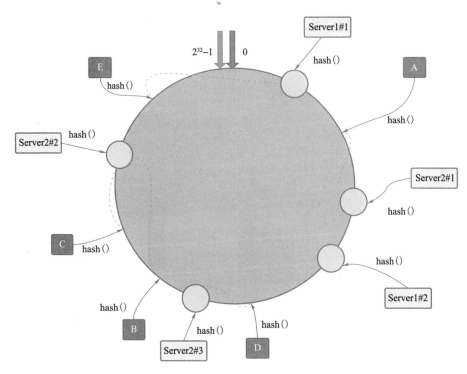

图 2-16 虚拟节点多于服务节点的示例

2.4.2 Paxos 算法

分布式系统中的节点通信有共享内存（shared memory）和消息传递（messages passing）两种模型。基于消息传递通信模型的分布式系统，不可避免地会发生以下错误：进程可能会慢、被杀死（关闭）或者重启，消息可能会延迟、丢失、重复，Paxos 算法要解决的就是如何在一个可能发生上述异常的分布式系统中就某个值达成一致，保证数据的一致性。

Paxos 算法是莱斯利·兰伯特（Leslie Lamport）于 1990 年在论文 The Part-Time Parliament[6] 中最先提出的一种基于消息传递且具有高度容错特性的一致性算法，也是解决多个节点之间一致性问题最有效的算法之一。兰伯特将 Paxos 算法分为核心算法和完整算法两部分，其中核心算法解决了分布式领域中非常重要的基础问

　　　　　　　　　　　　基于鲲鹏的大数据挖掘算法实战

题——共识问题，不严格地讲，就是多个进程对一个值达成一致。因此，核心算法部分也被称为共识算法（the consensus algorithm），本小节介绍的即为该核心算法。

在 Paxos 核心算法中，有 3 种角色，由图 2-17 中浅色矩形表示：

- Proposer（提议者）：只要 Proposer 发出的提案被 Acceptor 接受（刚开始先假设只需要一个 Acceptor 接受即可，在推导过程中会发现需要半数以上的 Acceptor 同意才行），Proposer 就认为该提案里的值（value）被选定了。
- Acceptor（接受者）：只要 Acceptor 接受了某个提案，Acceptor 就认为该提案里的值被选定了。
- Learner（学习者）：Learner 负责学习到被选中的值。

图 2-17 中的 Chosen 指当多数 Acceptor 接受一个提案时，该提案就被最终选定，也称为决议。

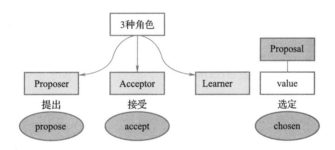

图 2-17　Paxos 算法角色关系

Paxos 核心算法主要有选择值和学习值两个过程。其中，选择值的过程分为 3 个阶段，具体如下：

1）准备阶段（prepare/promise）：将建议值发送到各个目标节点。

Proposer 首先选择一个提议序号 n 发送 prepare 消息给其他的 Acceptor 节点。Acceptor 收到 prepare 消息后，如果提议的序号大于它已经回复的所有 prepare 消息，则 Acceptor 将自己上次接受的提议回复给 Proposer，并承诺不再回复序号小于 n 的提议。

2）批准阶段（propose/accept）：完成准备阶段后，进入批准阶段。

一旦 Proposer 收到了大多数 Acceptor 对编号为 n 的 prepare 请求的回复后，就进入批准阶段。如果在准备阶段 Acceptor 回复了上次接受的提议，那么，Proposer 会选择其中编号最大的提议值发送给该 Acceptor 批准；否则，Proposer 会生成一个新的提议值发送给 Acceptor 批准。Acceptor 在不违背它之前在准备阶段的承诺的前提下接受该请求。

值得注意的是，该阶段 Proposer 并没有把所收到的编号最大的提议（Proposal）放在 accept 消息里，而是构建了一个新的提议，这个新提议的编号是 n，值是已经接受的编号最大的提议中的值。如果没有已接受的提议，那么该值可以是 Proposer 要提议的任何值。

3）确认阶段（acknowledge）：Acceptor 收到一个编号为 n 的 accept 请求后，除非它已经回复了一个编号比 n 大的 prepare 请求，否则它会接受该提议。此阶段 Acceptor 接受的是提议，不是提议中的值。

在上面的执行过程中，每一个 Proposer 都有可能产生多个提议。Poxos 核心算法要求每个生效的提议被多数 Acceptor 接受，且每个 Acceptor 不会接受两个不同的提议，因此，可以保证只有一个提议值会生效，但不能严格保证最终一定有一个提议值生效。

在选择值的过程中，Acceptor 会从所有 Proposer 提议的值中选中唯一的一个值，而学习值的过程则是 Learner 从 Acceptor 中学习到这个被选中的值。其具体过程如下：

1）当 Acceptor 接受一个提议后，将这个提议通知所有的 Learner。

2）如果 Learner 收到 Acceptor 的通知，则接受该提议。如果 Learner 接受的某个提议来自大多数 Acceptor，这个 Learner 则接受该提议中的值。

2.4.3　Raft 算法

不同于 Paxos 算法是直接从分布式一致性问题出发推导出来的，Raft 算法[7]

则是从多副本状态机的角度提出的，用于管理多副本状态机的日志复制。复制状态机就是把一系列具有一定顺序的 Action 抽象成一条日志（Log），每个 Action 都是日志中的一个条目（Entry）。若想使每个节点的服务状态相同，则要把日志中的所有条目按照记录顺序执行一遍。

1. 算法介绍

Raft 实现了和 Paxos 相同的功能，它将一致性分解为多个子问题：领导选举（Leader election）、日志同步（Log replication）、安全性（Safety）、日志压缩（Log compaction）、成员变更（Membership change）等。同时，Raft 算法使用了更强的假设以减少需要考虑的状态，使任务变得易于理解和实现。

Raft 算法中的角色主要有 Leader（领导者）、Follower（跟随者）和 Candidate（候选人）。

- Leader：Raft 算法的所有节点中会有一个节点作为领导者，接受客户端请求，并向 Follower 同步请求日志，把日志复制到所有节点上，并且判断是否适合把日志应用到状态机中。
- Follower：除 Leader 外的其他节点被称为跟随者，接受和持久化 Leader 同步的日志，并在 Leader 告知日志可以提交之后，提交日志。
- Candidate：Leader 选举过程中的临时角色。

Raft 要求系统在任意时刻最多只有一个 Leader，正常工作期间只有 Leader 和 Follower。如图 2-18 所示。

图 2-18　正常工作期间的 Raft 算法角色

2. 算法组成

总体来说，Raft 算法可以分解为复制、选举、异常处理三个过程。Raft 采用远程过程调用（Remote Procedure Call，RPC）实现节点间的通信，其复制、选举、异常处理三个过程都是通过 RPC 来实现的。

（1）复制过程

Leader 收到客户端请求后，会把该请求作为一个条目记录到日志中，并把新条目记录追加（append）到日志的末尾。完成追加操作后，Leader 会并行向所有 Follower 发起 Append Entries 的远程过程调用。Follower 收到 Append Entries 调用后，将请求中的条目追加到自己的本地日志中，并回复 Leader 成功。当 Leader 收到大多数 Follower 的成功回复后，Leader 认为该条目已达到提交（committed）状态，并将该条目应用到状态机中，同时回复客户端这次请求成功。

（2）选举过程

如果在一定的时间内没有收到 Leader 的日志复制请求，包括心跳请求，即发生超时（time out）（比如 Leader 发生宕机的情况），则需要从 Follower 中选出一个新的 Leader 继续履行 Leader 的职责，这个过程称为选举过程。

Raft 算法将时间分为一个个的任期（Term），每一个 Term 的开始都是 Leader 选举。在成功选举 Leader 之后，Leader 会在整个 Term 内管理整个集群。如果 Leader 选举失败，该 Term 就会因为没有 Leader 而结束。

Raft 使用心跳（Heartbeat）触发 Leader 选举。当节点启动时，初始化为 Follower。Leader 向所有 Follower 周期性发送心跳请求。如果 Follower 在选举超时时间内没有收到 Leader 的心跳请求，就会等待一段随机的时间后发起一次 Leader 选举。

Raft 算法完整的选举过程如图 2-19 所示。节点启动时处于 Follower 状态，如果 Follower 超时没有收到 Leader 的消息，则节点会进入候选状态成为 Candidate 节点（想要成为 Leader 的节点），Candidate 增加自己的任期，并且开始进行一次 Leader 选举，向集群中的所有节点发送投票请求（Request Vote）。发送投票请求后可能出现的结果有以下三种情况：

- 赢得了多数选票，成功当选为 Leader。
- 收到与自己任期相同的其他节点的请求，说明有其他节点已经抢先当选了 Leader。这时，该 Candidate 会退回到 Follower 状态。
- 没有服务器赢得多数选票，Leader 选举失败，等待选举时间超时后发起下一次选举。

如果在 Leader 收到的请求中包含更大的任期，Leader 转变为 Follower 状态。

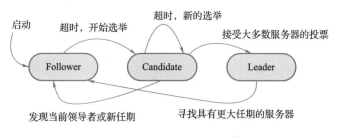

图 2-19　完整的选举过程[⊖]

（3）异常处理

通过上面的介绍不难发现，虽然选举过程使集群从 Leader 宕机和网络分区中恢复回来，重新选出了新的 Leader 继续履行职责，但这些异常情况已经给集群带来了影响，导致各节点上的数据不一致，因此，需要对这种不一致异常做进一步处理。Raft 算法通过一致性检查（consistency check）强制 Follower 与 Leader 保持一致。新的 Leader 并不会专门启动一个一致性检查的过程。当 Leader 发起 Append Entries 的远程过程调用发送一个新条目时，会在请求中包含新条目前一个条目的索引和任期，如果 Follower 在自己的日志中没有找到对应的索引和任期，则拒绝该条目。如果 Leader 发现 Append Entries 调用失败，则把前一个条目通过 Append Entries 发送给 Follower；倘若还是失败，则发送给再往前的一个条目，直到 Append Entries 调用成功，也就是说 Leader 和 Follower 的日志已经达到一致状态，那么，Leader 将从这个条目开始往后逐个调用 Append Entries。

⊖　本图片参考了由电子工业出版社出版的《分布式系统与一致性》，作者为陈东明。

2.5 分布式计算框架

随着大数据技术的快速发展，不断有新的技术涌现，本节重点介绍几种目前市面上具有代表性的技术框架：Hadoop、Spark、Flink 和 Ray。

2.5.1 Hadoop

1. Hadoop 概述

Hadoop[8] 由 Apache 软件基金会于 2005 年秋天作为 Lucene 的子项目 Nutch 的一部分正式引入，它受到最先由 Google 实验室开发的 Google 文件系统（GFS）和 MapReduce 的启发。2006 年 3 月，Nutch 分布式文件系统（NDFS）和 MapReduce 分别被纳入 Hadoop 的项目中。

Hadoop 是一个项目开发可靠、可扩展的分布式文件系统和并行执行环境，可以让用户便捷地处理海量数据。它带有用 Java 语言编写的框架，因此运行在 Linux 平台上是非常理想的。Hadoop 上的应用程序也可以使用其他语言编写，比如 C++。

Hadoop 的特点在于能够存储并管理 PB 量级数据，能很好地处理非结构化数据，擅长大吞吐量的数据处理，应用模式为"一次写、多次读"的存取模式。由于采用分布式架构，Hadoop 具有很好的可扩展性和容错性，但它并不适用于存储小文件、有大量的随机读以及需要对文件进行修改等场景。

Hadoop 主要由三部分组成：

1）HDFS（Hadoop Distributed File System）：Hadoop 分布式文件系统，提供对应用数据的高吞吐量访问。

2）Hadoop MapReduce：Hadoop 并行计算框架，基于 YARN 的大数据集并行处理系统。

3）其他项目公共内容：支持其他 Hadoop 模块的通用工具 Hadoop Common，支持 Hadoop 的实用程序，包括 FileSystem（面向通用文件系统的抽象基类）、远程程序调用（RPC）和序列化库。

Hadoop 框架最核心的设计是 HDFS 和 MapReduce。HDFS 为海量的数据提供存储，而 MapReduce 为海量的数据提供计算。Hadoop 在大数据处理应用中的广泛运用得益于其自身在数据提取、变形和加载（ETL）方面的天然优势。Hadoop 的分布式架构将大数据处理引擎尽可能地靠近存储，对类似 ETL 的批处理操作相对合适，因为类似 ETL 操作的批处理结果可以直接存储。Hadoop 的 MapReduce 功能实现了将单个任务打碎，并将碎片任务发送（Map）到多个节点上，之后再以单个数据集的形式加载（Reduce）到数据仓库里。

2. MapReduce 框架

Hadoop MapReduce 是 Google 提出的开源分布式计算模型，是"分而治之"的典型代表，最开始用于搜索领域。"分而治之"的基本思想是将一个规模大的、难以直接解决的复杂问题，分割成一些规模较小的、可以比较简单或直接求解的子问题。这些子问题之间相互独立且与原问题形式相同，递归地求解这些子问题后，能够将子问题的解合并，最终得到原问题的解。

MapReduce 作为一种分布式计算模型，主要用于解决海量数据的计算问题。使用 MapReduce 分析海量数据时，每个 MapReduce 程序被初始化为一个工作任务（Job），每个工作任务可以分为 Map 和 Reduce 两个核心阶段，分别对应着"分而治之"策略中的"分解"和"合并"。

1）Map 阶段：负责将任务分解，即把复杂的任务分解成若干个"简单任务"来并行处理，但前提是这些任务没有必然的依赖关系，可以单独执行。

2）Reduce 阶段：负责将任务合并，即把 Map 阶段的结果进行全局汇总。

MapReduce 体系结构主要由四部分组成，具体说明如下：

1）客户端（Client）：用于将用户编写的 MapReduce 程序提交到 JobTracker，用户也可以通过 Client 提供的一些接口查看作业的运行状态。

2）作业跟踪器（JobTracker）：负责资源监控和作业调度，JobTracker 监控所有 TaskTracker 与 Job 的健康情况。

3）任务跟踪器（TaskTracker）：负责任务管理（启动任务，终止任务等），TaskTracker 周期性地通过"心跳"把资源使用情况和任务进度汇报给 JobTracker，同时接收 JobTracker 发送过来的命令并执行相应的操作。

4）任务调度器（TaskScheduler）：负责任务调度。TaskTracker 使用"slot⊖"等量划分本节点的资源量，一个 Task 获得 slot 后才执行，而 TaskScheduler 的作用就是将各个 TaskTracker 上的空闲 slot 分配给 Task 使用，slot 分为 Map slot 和 Reduce slot 两种，分别给相应的 MapTask 和 ReduceTask 使用。

MapReduce 框架采用了 Master/Slave 架构，包括一个 Master 和若干个 Slave，Master 运行 JobTracker，Slave 运行 TaskTracker。MapReduce 编程模型借鉴了函数式程序设计语言的设计思想，其根源是函数性编程中的 Map 和 Reduce 函数。它由两个可能包含许多实例（许多 Map 和 Reduce）的操作组成。Map 函数接受一组数据并将其转换为一个键/值对（〈key，value〉）列表，输入域中的每个元素对应一个键/值对。Reduce 函数接受 Map 函数生成的列表，然后根据它们的键（为每个键生成一个键/值对）缩小键/值对列表。MapReduce 的基本工作机制如图 2-20 所示。

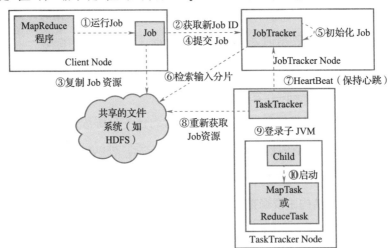

图 2-20　MapReduce 基本工作机制

⊖　slot：槽，资源单位。

　　　　　　　　　　　基于鲲鹏的大数据挖掘算法实战

2.5.2 Spark

1. Spark 概述

MapReduce 也存在很多问题，它的抽象层次低，迭代式处理性能差，对交互式处理的支持不够，在复杂的机器学习算法、图计算等方面也显得捉襟见肘，而这些正是 Spark 所擅长的。

Spark[9] 最初由美国加州大学伯克利分校（UC Berkeley）的 AMP 实验室于 2009 年开发，是基于内存计算的大数据并行计算框架，可用于构建大型的、低延迟的数据分析应用程序。Spark 在诞生之初属于研究性项目，其诸多核心理念均源自学术研究论文。2013 年，Spark 加入 Apache 孵化器项目后，开始迅猛发展，如今已成为 Apache 软件基金会最重要的三大分布式计算系统开源项目（即 Hadoop、Spark、Storm）之一。Spark 充分利用了 Hadoop 和 Mesos（伯克利分校孵化集群的动态资源管理器）的基础设施，作为架设在 Hadoop 集群上的计算框架，Spark 充分利用 Hadoop 数据层（HDFS、HBase 等），从而实现了原始数的据读取及最终结果的存储。

Spark 的设计遵循"一个软件栈满足不同应用场景"的理念，逐渐形成了一套完整的生态系统，既能够提供内存计算框架，又可以支持 SQL 即席查询（Spark SQL）、流计算（Spark Streaming）、机器学习（MLlib）和图计算（GraphX）等。Spark 可以部署在资源管理器 YARN 上，提供一站式的大数据解决方案。因此，Spark 所提供的生态系统同时支持批处理、交互式查询和流数据处理。

Spark 具有如下几个主要特点：

- 运行速度快：Spark 使用先进的有向无环图（Directed Acyclic Graph，DAG）执行引擎，以支持循环数据流与内存计算，基于内存的执行速度比 Hadoop MapReduce 快上百倍（逻辑回归在 Hadoop 和 Spark 中的运行时间对比如图 2-21 所示），基于磁盘的执行速度也能快十倍。
- 容易使用：Spark 提供了 80 多个高级操作符，支持使用 Scala、Java、Python

和 R 语言进行编程，简洁的 API 设计有助于用户轻松构建并行程序，并且可以通过 Spark Shell 进行交互式编程。

- 通用性：Spark 提供了完整而强大的技术栈，包括 SQL 查询、流式计算、机器学习和图算法组件，这些组件可以无缝整合到同一个应用中，足以应对复杂的计算。
- 运行模式多样：Spark 可以在 EC2、Hadoop YARN、Mesos 或 Kubernetes 上以独立集群模式运行，并且可以访问 HDFS、Alluxio、Apache Cassandra、Apache HBase、Apache Hive 等数百个数据源。

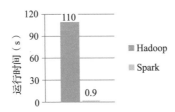

图 2-21　Hadoop 和 Spark 中的逻辑回归运行时间对比

2. Spark 生态系统

Spark 生态系统可以很好地实现与 Hadoop 生态系统的兼容，从而使现有的 Hadoop 应用程序可以非常容易地迁移到 Spark 系统中。Spark 的生态系统主要包含 Spark Core、Spark SQL、Spark Streaming、Structured Streaming、MLlib 和 GraphX 等组件，各个组件的具体功能如下：

- Spark Core：Spark Core 包含 Spark 最基础和最核心的功能，如内存计算、任务调度、部署模式、故障恢复、存储管理等，主要面向批数据处理。Spark Core 建立在统一的抽象 RDD 之上，可以以基本一致的方式应对不同的大数据处理场景；需要注意的是，Spark Core 通常被简称为 Spark。
- Spark SQL：Spark SQL 是用于处理结构化数据的组件，允许开发人员直接处理 RDD，同时也可查询 Hive、HBase 等外部数据源。Spark SQL 的一个重要特点是能够统一处理关系表和 RDD，开发人员不需要自己编写 Spark 应用程

　　　　　　　　基于鲲鹏的大数据挖掘算法实战

序，可以轻松地使用 SQL 命令进行查询，并进行更复杂的数据分析。

- Spark Streaming：Spark Streaming 是一种流计算框架，可以支持高吞吐量、可容错处理的实时流数据处理，其核心思路是将流数据分解成一系列短小的批处理作业，每个短小的批处理作业都可以使用 Spark Core 进行快速处理。Spark Streaming 支持多种数据输入源，如 Kafka、Flume 和 TCP 套接字等。

- Structured Streaming：Structured Streaming 是一种基于 Spark SQL 引擎构建的、可扩展和容错的流处理引擎。通过一致的 API，Structured Streaming 可以使开发人员像写批处理程序一样编写流处理程序，降低了开发人员的开发难度。

- MLlib（机器学习）：MLlib 提供了常用机器学习算法的实现，包括聚类、分类、回归、协同过滤等，降低了机器学习的门槛，开发人员只需具备一定的理论知识就能进行机器学习的开发工作。

- GraphX（图计算）：GraphX 是 Spark 中用于图计算的 API，可认为是 Pregel 在 Spark 上的重写及优化。GraphX 性能良好，拥有丰富的功能和运算符，能在海量数据上自如地运行复杂的图算法。

无论是 Spark SQL、Spark Streaming、Structured Streaming、MLlib 还是 GraphX，都可以使用 Spark Core 的 API 处理问题，它们的方法几乎是通用的，处理的数据也可以共享，不同应用之间的数据可以无缝集成。

3. Spark 原理

在具体讲解 Spark 原理之前，需要先了解以下几个重要的概念。

- RDD：弹性分布式数据集（Resilient Distributed Dataset）的简称，是分布式内存的一个抽象概念，提供了一种高度受限的共享内存模型。

- DAG：有向无环图（Directed Acyclic Graph）的简称，反映 RDD 之间的依赖关系。

- 执行进程（Executer）：运行在工作节点上的一个进程，负责运行任务，并为应用程序存储数据。

- 应用（Application）：用户编写的 Spark 应用程序。

- 任务（Task）：运行在 Executor 上的工作单元。
- 作业（Job）：一个作业包含多个 RDD 及作用于相应 RDD 上的各种操作。
- 阶段（Stage）：作业的基本调度单位。一个作业会分为多组任务，每组任务被称为"阶段"，也被称为"任务集"。

Spark 是基于 HDFS 的类 MapReduce 框架，Spark 中的每个作业也是被分解成一系列任务，发送到若干个服务器组成的集群上完成的。Spark 包括分配任务的主节点（Driver）和执行计算的工作节点（Worker）。其中，主节点负责任务分配、资源安排、结果汇总、容错等处理，工作节点负责存放数据和进行计算。如图 2-22 所示，由主节点启动多个工作节点后，工作节点在分布式的文件系统中读取数据并转化为一种基于内存的分布式存储抽象模型——RDD，最后在内存中对 RDD 进行缓存和计算。Spark 只需一次磁盘读写，大部分处理都在内存中进行。因此，Spark 为迭代式数据处理和交互式数据探索提供了更好的支持，每次迭代的数据可以保存在内存中，而不是写入文件中。

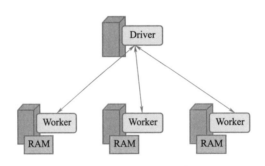

图 2-22　Spark 集群示意图

Spark 将海量数据抽象成 RDD 这种数据结构，构建起整个 Spark 生态系统。RDD 是一个只读的、可分区的分布式数据集，RDD 分布在集群上，这个数据集的全部或部分可以缓存在内存中，在多次计算之间重用。Spark 提供了 RDD 上的两种算子：转换（Transformation）和动作（Action）。转换算子用于定义一个新的 RDD（把数据转换成 RDD），包括 map、flatMap、filter、union、coalesce、sample、join、groupByKey、cogroup、reduceByKey、sortByKey、mapPartitions 等，动作算子用于返回一个结果

　基于鲲鹏的大数据挖掘算法实战

（将转换好的 RDD 再转换成原始数据），包括 collect、reduce、count、save、take 等。

一部分转换算子视 RDD 的元素为简单元素，分为如下几类：

- 输入输出一对一（element-wise）的算子，且结果 RDD 的分区结构不变，主要是 Map（映射）、flatMap（映射后展平为一维 RDD）。
- 输入输出一对一，但结果 RDD 的分区结构发生了变化，如 union（两个 RDD 合为一个）、coalesce（分区减少）。
- 从输入中选择部分元素的算子，如 filter（过滤）、distinct（去除冗余元素）和 sample（采样）。

另一部分转换算子针对 Key-Value 集合，又分为：

- 对单个 RDD 做 element-wise 运算，如 mapPartitions（保持源 RDD 的分区方式，这与 map 不同）。
- 对单个 RDD 基于 key 进行重组和归约，如 groupByKey、reduceByKey。
- 对两个 RDD 基于 key 进行连接和重组，如 join、cogroup。

后面两类操作都涉及重排，被称为 Shuffle 类操作。

在 Spark 上，主节点程序被编写为一系列 RDD 的转换算子和动作算子，可以直接对分布式数据进行操作，就像操作本机上的数据一样，不用再纠结于程序的底层实现，抽象程度要高于传统的 MapReduce。

RDD 的转换算子会生成新的 RDD，新 RDD 的数据依赖于原来 RDD 的数据，每个 RDD 又包含多个分区。那么，一段程序实际上就构造了一个由相互依赖的多个 RDD 组成的有向无环图，通过在 RDD 上执行动作算子将这个有向无环图作为一个作业（Job）提交给 Spark 执行。RDD 之间的这种依赖关系分为窄依赖（只依赖一个分区）和宽依赖（依赖多个分区），如图 2-23 所示，窄依赖指父 RDD 的每一个分区最多被一个子 RDD 的分区所用，表现为一个父 RDD 的分区对应一个子 RDD 的分区，或两个父 RDD 的分区对应一个子 RDD 的分区。窄依赖对优化很有利，其中的优化被称为流水线优化。宽依赖指子 RDD 的分区依赖于父 RDD 的所有分区。

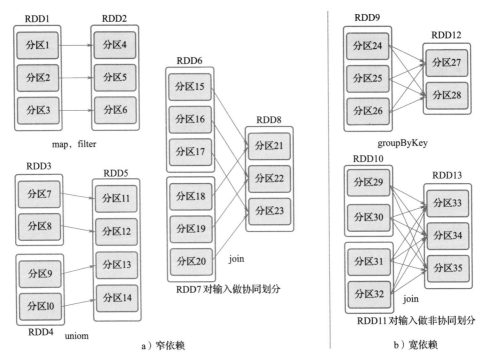

图 2-23　Spark 中的窄依赖和宽依赖 ⊖

Spark 对有向无环图的作业进行调度（调度过程如图 2-24 所示），需要确定阶段（Stage）、分区（Partition）、流水线（Pipeline）、任务（Task）和缓存

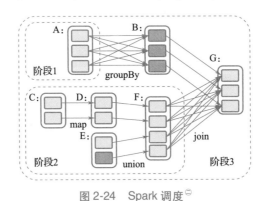

图 2-24　Spark 调度 ⊖

　　⊖　本图片参考了由人民邮电出版社出版的《Spark 编程基础》，作者为林子雨、赖永炫和陶继平。

　　⊜　本图片参考了由人民邮电出版社出版的《Spark 编程基础》，作者为林子雨、赖永炫和陶继平。

（Cache）。在确定阶段时，需要根据宽依赖划分阶段。流水线优化在这一阶段发挥着重要作用，即根据分区对任务进行划分。缓存则是为了工作重用和本地备份，其具体实现是：DAG Scheduler 从当前算子往前回溯依赖图，一旦碰到宽依赖，就生成一个阶段来容纳已遍历的算子序列。在这个阶段里，可以安全地实施流水线优化。然后，又从这个宽依赖开始继续回溯，生成下一个阶段。

将 RDD 与传统 DAG 批处理架构相结合，Spark 能够非常高效地解决迭代机器学习任务。此外，Spark 还为很多常见的操作提供了内置操作符，方便了复杂操作的表达。因此，使用 Spark 接口编写的应用程序往往短小精悍。遗憾的是，Spark 在具备 DAG 计算系统灵活性的同时，也有学习成本较高等缺点。

4. Spark 运行架构

Spark Core 包含 Spark 最基础和最核心的功能，如内存计算、任务调度、部署模式、故障恢复、存储管理等。当提及 Spark 运行架构时，就是指 Spark Core 的运行架构。

（1）架构设计

Spark 运行架构包括集群资源管理器（Cluster Manager）、运行作业任务的工作节点（Worker Node）、每个应用的任务控制节点（Driver Program，或简称为 Driver）和每个工作节点上负责具体任务的执行进程（Executer），如图 2-25 所示。其

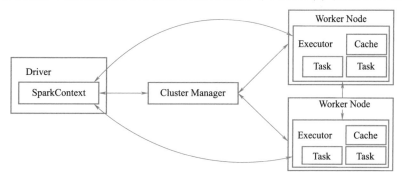

图 2-25 Spark 运行框架[⊖]

⊖ 读者如想了解更多信息，可前往 Spark 官网：https://spark. apache. org/docs/latest/cluster-overview. html。

中，集群资源管理器可以是 Spark 自带的资源管理器，也可以是 YARN 或 Mesos 等资源管理框架。可以看出，就系统框架而言，Spark 采用"主从架构"，包含一个 Master（即 Driver）和若干个 Worker。

在 Spark 中，一个应用（Application）由一个任务控制节点（Driver）和若干个作业（Job）构成，一个作业由多个阶段（Stage）构成，一个阶段由多个任务（Task）组成。当执行一个应用时，Driver 会向 Cluster Manager 申请资源，启动 Executor，并向 Executor 发送应用程序代码和文件，然后在 Executor 上执行任务。运行结束后，执行结果会返回给 Driver，或者写到 HDFS 或其他数据库中。

Spark 所采用的 Executor 与 Hadoop MapReduce 计算框架相比有以下两个优点：

1）与 Hadoop MapReduce 采用进程模型不同，Spark 采用多线程来执行具体的任务，从而减少了任务的启动开销。

2）Executor 中的 BlockManager 存储模块会将内存和磁盘共同作为存储设备，默认情况下使用内存，当内存不够时，会写到磁盘。当需要多轮迭代计算时，可以将中间结果存储到该存储模块，以便下次需要时直接从该存储模块里读取数据。因为不需要读写到 HDFS 等文件系统里，所以有效地减少了 I/O 开销。此外，在交互式查询场景中，预先将表缓存到该存储模块，也有效地提高了读写 I/O 性能。

（2）Spark 运行基本流程

如图 2-26 所示，Spark 的基本运行流程如下：

1）提交 Spark 应用时，首先要为该应用构建基本的运行环境，即由任务控制节点（Driver）创建一个 SparkContext 对象，由 SparkContext 负责与资源管理器（Cluster Manager）通信以及进行资源的申请、任务的分配和监控等，SparkContext 会向资源管理器注册并申请运行 Executor 的资源，SparkContext 可以看作应用程序连接集群的通道。

2）资源管理器为 Executor 分配资源，并启动 Executor 进程，Executor 运行情况将随着"心跳"发送到资源管理器上。

3）SparkContext 根据 RDD 的依赖关系构建 DAG，并将 DAG 提交给 DAG 调度

基于鲲鹏的大数据挖掘算法实战

器（DAGScheduler）进行解析，把 DAG 分解成多个"阶段"，计算出各个"阶段"之间的依赖关系，然后把一个个"阶段"提交到底层的任务调度器（TaskScheduler）进行处理；Executor 向 SparkContext 申请任务后，由任务调度器对其进行任务分配，同时，SparkContext 将应用程序代码发送给 Exccutor。

4）任务在 Executor 上运行后，先把执行结果反馈给任务调度器，再由任务调度器反馈给 DAG 调度器，运行完毕后写入数据并释放所有资源。

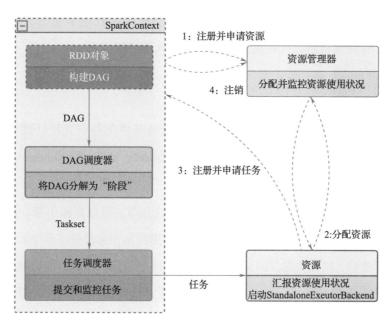

图 2-26　Spark 运行流程图

（3）Spark 运行架构的特点

总体而言，Spark 运行架构具有如下特点：

1）Spark 运行过程与资源管理器无关，只要能够获取 Executor 进程并保持通信即可。

2）每个应用都有自己专属的 Executor 进程，并且该进程在应用运行期间一直驻留。Executor 进程以多线程的方式运行任务，减少了多进程任务频繁启动的开销，使任务执行变得非常高效和可靠。

3）Executor 的 BlockManager 存储模块类似键值存储系统，在处理迭代计算任务时，不需要把中间结果写入 HDFS 等文件系统中，而是直接存放在该存储系统上，以便后续需要时直接读取。此外，在交互式查询场景下，也可以把表提前缓存到这个存储系统上，从而提高读写 I/O 性能。

4）任务采用了数据本地性和推测执行等优化机制。因为移动计算比移动数据占用的网络资源要少得多，所以 Spark 采用尽量将计算移动到数据所在的节点上进行，即"计算向数据靠拢"的机制，也就是这里所说的数据本地性。此外，Spark 还采用了延时调度机制，可以更大程度地实现执行过程优化。

2.5.3　Flink

Apache Flink[10] 是一个由 Apache 软件基金会开源的分布式流处理框架，集成了常见的集群资源管理器，如 Hadoop YARN、Apache Mesos 和 Kubernetes，但也可以设置为作为独立的集群运行。

Apache Flink 的核心是用 Java 和 Scala 编写的分布式流数据流引擎，用于在无界和有界的数据流上进行有状态计算。任何一种数据都是作为事件流产生的。信用卡交易、传感器测量、机器日志、网站或移动应用程序上的用户交互，所有数据都以流的形式生成。Flink 以数据并行和流水线方式执行任意流数据程序。Flink 的流水线运行时系统可以执行批处理和流处理程序。此外，Flink 的运行时本身也支持迭代算法的执行。Flink 程序在执行后被映射到流数据流，每个 Flink 数据流以一个或多个源（数据输入，如消息队列或文件系统）开始，并以一个或多个接收器（数据输出，如消息队列、文件系统或数据库等）结束。Flink 提供现成的源和接收连接器，包括 Apache Kafka、Amazon Kinesis、HDFS 和 Apache Cassandra 等。Flink 可以对流执行任意数量的变换，这些流可以被编排为有向无环数据流图，允许应用程序分解和合并数据流。因此，应用程序可以利用几乎不受限制的 CPU、主内存、磁盘和网络 I/O。而且，Flink 可以轻松维护非常大的应用程序状态。它的异步和增量检查点算法确保了对处理延迟的最小影响，同时保证了精确一次（exactly-once）的状态一致性。

2.5.4 Ray

Ray[11] 由美国加州大学伯克利分校（UC Berkeley）的 RISELab 开源，是一个用于并行计算和分布式 Python 开发的高性能分布式计算框架，它使用了和传统分布式计算系统不一样的架构和对分布式计算的抽象方式，具有比 Spark 更优异的计算性能。Ray 面向的是大规模机器学习和强化学习场景。与同样面向机器学习场景的 TensorFlow 框架相比，Ray 的核心部分提供了强大且精巧的分布式计算能力，因此，一般称它为分布式的计算框架。

传统编程依赖于两个核心概念：函数和类。使用这些构建块就可以构建出无数的应用程序。但是，当我们将应用程序迁移到分布式环境时，这些概念通常会发生变化。一方面，OpenMPI、Python 多进程和 ZeroMQ 等工具提供了用于发送和接收消息的低级原语。这些工具非常强大，但它们提供了不同的抽象，因此要使用它们就必须从头开始编写单线程应用程序。另一方面，也有一些特定领域的工具，如用于模型训练的 TensorFlow、用于数据处理且支持 SQL 的 Spark，以及用于流式处理的 Flink。这些工具提供了更高级别的抽象，如神经网络、数据集和流。但是，因为它们与用于串行编程的抽象不同，所以要使用它们也必须从头开始编写应用程序。Ray 占据了一个独特的中间地带，它并没有引入新的概念，而是采用了函数和类的概念，并将它们转换为分布式的任务和 actor。Ray 中的任务与原生的 Python 函数看上去并无差别，但是，它可以在除本机外的其他 Ray 集群中的节点中执行。因此，不需要做重大的修改，Ray 就可以对串行应用程序进行并行化。除了轻量级的 API 之外，Ray 还具有高吞吐、低延迟的内存调度能力，以及支持任务的动态构建、Pandas/Numpy 的分布式支持等重要特性。

参考文献

[1] Zookeeper 官网 . https://zookeeper. apache. org/.

［2］HUNT P, KONAR M, JUNQUEIRA F P, et al. ZooKeeper：wait-free coordination for internet-scale systems［C］//Proceedings of the 2010 USENIX conference on USENIX annual technical conference，2010.

［3］张俊林. 大数据日知录：架构与算法［M］. 北京：电子工业出版社，2014.

［4］ALAN DEMERS. Epidernic algorithms for replicated database maintenance［J］. ACM，1987，22（1）：8-32.

［5］KARGER D, LEHMAN E, LEIGHTON T, et al. Consistent hashing and random trees：Distributed caching protocols for relieving hot spots on the world wide web［C］//Proceedings of the twenty-ninth annual ACM symposium on Theory of computing. New York：ACM，1997：654-663.

［6］LAMPORT L. The part-time parliament ［M］//Concurrency：the Works of Leslie Lamport. 2019：277-317.

［7］ONGARO D, OUSTERHOUT J. In search of an understandable consensus algorithm（extended version）［C］//Proceedings of the 2014 USENIX conference on USENIX Annual Technical Conference. Berkeley：USENIX Association，2014：305-320.

［8］Hadoop 官网. https：//hadoop. apache. org/.

［9］Spark 官网. https：//spark. apache. org/.

［10］Flink 官网. https：//flink. apache. org/.

［11］Ray 官网. https：//www. ray. io/.

第 **3** 章

经典挖掘算法

大数据挖掘涵盖了数据分析和知识发现。由于应用的多样性，新的数据挖掘任务持续出现，针对不同的应用场景也产生了一系列数据挖掘方法，本章针对大数据挖掘的主要任务（如降维、回归、分类和推荐），对几种经典数据挖掘算法（如主成分分析、线性回归、逻辑回归、线性支持向量机、决策树、随机森林、梯度提升决策树 GBDT、XGBoost 和交替最小二乘算法）的概念和原理进行介绍，也为读者学习第 5 章和第 6 章的内容打下理论基础。

本章着重介绍算法的基础概念，而算法的具体求解步骤、分布式实现和调用方式请阅读第 5 章；算法的实际应用可参考第 6 章；如果希望对这些算法的理论、数学推导有更系统、更深入的了解，可以进一步参考数据挖掘领域的原理类书籍。

3.1 主成分分析

在大数据场景下，数据的特征维度往往会很高，甚至达到百万、千万级别。在高维的情况下，机器学习算法有可能面临维度灾难（curse of dimensionality），这会在样本量不充足的情况下导致严重的过拟合问题；同时，高维数据也会严重影响算法性能，甚至使得算法不可算，例如在 KNN、DBSCAN 等算法中，由于需要对样本特征向量计算两两之间的距离，因此在高维场景下算法会耗费巨大的计算资源和计算时间。

数据降维算法指通过某种映射将高维空间中的特征映射到低维空间中，并且尽可能地保留更多的信息，这可以在一定程度上解决高维特征带来的上述问题。同时，降维算法也可以在一定程度上消除原始空间中的冗余信息和噪声信息，从而发现数据内部的本质特征。

数据降维算法通常分为线性降维和非线性降维。线性降维方法包括主成分分析（Principal Component Analysis，PCA）、线性判别分析（Linear Discriminant Analysis，LDA）等；非线性降维方法包括多维尺度变换（Mult-Dimensional Scaling，

基于鲲鹏的大数据挖掘算法实战

MDS）、等距特征映射（Isometric Feature Mapping，Isomap）、自编码器（AutoEncoder）等。本节主要介绍 PCA 算法，它是目前应用最广泛的线性降维方法。

3.1.1 算法介绍

假设数据集有 m 个样本，每个样本由 n 个特征构成，可将其看作 $m \times n$ 维的矩阵。

$$A_{m \times n} = \begin{bmatrix} \boldsymbol{x}_1^{\mathrm{T}} \\ \boldsymbol{x}_2^{\mathrm{T}} \\ \vdots \\ \boldsymbol{x}_m^{\mathrm{T}} \end{bmatrix} \tag{3-1-1}$$

其中 $\boldsymbol{x}_i \in \mathbb{R}^n$ 代表第 i 个样本。PCA 算法的目的是将数据的维度从 n 维降低到 k 维，同时尽可能保留原始数据的信息。对 $\mathbb{R}^n$ 中任意的 $k(k \leqslant n)$ 维子空间，设其单位正交基矩阵为

$$V_{n \times k} = [\, \boldsymbol{v}_1 , \boldsymbol{v}_2 , \cdots , \boldsymbol{v}_k \,] \tag{3-1-2}$$

其中 $\boldsymbol{v}_i \in \mathbb{R}^n$，且满足

$$\boldsymbol{v}_i^{\mathrm{T}} \boldsymbol{v}_j = \begin{cases} 0, & i \neq j \\ 1, & i = j \end{cases} \tag{3-1-3}$$

样本集在这个子空间的投影为

$$Z_{m \times k} = A_{m \times n} V_{n \times k} = \begin{bmatrix} \boldsymbol{z}_1^{\mathrm{T}} \\ \boldsymbol{z}_2^{\mathrm{T}} \\ \vdots \\ \boldsymbol{z}_m^{\mathrm{T}} \end{bmatrix} = \begin{bmatrix} \boldsymbol{x}_1^{\mathrm{T}} V \\ \boldsymbol{x}_2^{\mathrm{T}} V \\ \vdots \\ \boldsymbol{x}_m^{\mathrm{T}} V \end{bmatrix} \tag{3-1-4}$$

其中 $\boldsymbol{z}_i = (\boldsymbol{x}_i^{\mathrm{T}} V)^{\mathrm{T}} \in \mathbb{R}^k$ 表示样本 $\boldsymbol{x}_i$ 在子空间的投影，矩阵 $Z_{m \times k}$ 即是 $A_{m \times n}$ 降维后的矩阵。现在的问题是，数据集投影到什么样的 k 维子空间能保留尽可能多的信息量？可以从以下两个角度考虑。

- 最大化差异：使得样本在低维空间的每个基方向上的投影足够分散（方差

最大化），即低维空间每个方向上的信息量都很大。

- 最小化重构误差：将低维矩阵重构到原始维度后，使重构矩阵与原始矩阵的差异最小，即最小化降维所带来的信息损失。

事实上，从这两个目标出发推导 PCA 算法，可以得到相同的解。求解得到的子空间的单位正交基称为数据集 A 的主成分向量。以上两种情形的详细推导见 3.1.2 节。

接下来以一个简单的例子讲解以方差最大化为目标的 PCA 算法的原理，以期读者可以获得对 PCA 算法的初步认识。假设二维数据集 $A \in \mathbb{R}^{n \times 2}$ 的分布如图 3-1 所示，其中心点为坐标原点。设一维子空间（即一条直线）的基为 v_1，可以发现，数据集投影到图中所示位置时，数据集在 v_1 之上的投影最分散，方差最大，因此可以确定 v_1 即为所求的第一个主成分向量。如果还想要找到第二个主成分向量，则需要从与 v_1 正交的单位向量中寻找。假设单位向量 v_2 与 v_1 垂直，且与数据在所有和 v_1 垂直的方向上的投影相比，数据在 v_2 方向上的投影最分散，则可以确定 v_2 为所求的第二个主成分向量。在这个示例中，与 v_1 垂直的方向只有一个，因此可以直接找到 v_2，如图 3-1 所示。

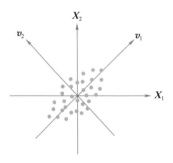

图 3-1　主成分分析示例

3.1.2　算法推导

为了在降维后保留尽可能多的信息量，PCA 算法需要考虑"最大化差异"和

　　　　　　　　　　　　　　　　　　　　基于鲲鹏的大数据挖掘算法实战

"最小化重构误差"两个目标。本小节将从这两个目标出发，分别对 PCA 进行数学推导并给出相应的求解方法。

1. 最大化差异

"最大化差异"指最大化低维空间中各个方向上的数据投影的方差之和。假设样本 $\boldsymbol{x}_i$ 在 $\boldsymbol{v}_j$ 方向上的投影模长是 $z_{ij} = \boldsymbol{x}_i^{\mathrm{T}} \boldsymbol{v}_j$，则在该方向上的投影模长均值为

$$
\begin{aligned}
\bar{z}_j &= \frac{1}{m} \sum_{i=1}^{m} z_{ij} \\
&= \frac{1}{m} \sum_{i=1}^{m} \boldsymbol{x}_i^{\mathrm{T}} \boldsymbol{v}_j \\
&= \left(\frac{1}{m} \sum_{i=1}^{m} \boldsymbol{x}_i^{\mathrm{T}} \right) \boldsymbol{v}_j \\
&= \bar{\boldsymbol{x}}^{\mathrm{T}} \boldsymbol{v}_j
\end{aligned}
\tag{3-1-5}
$$

其中 $\bar{\boldsymbol{x}} \in \mathbb{R}^n$ 是所有样本的均值向量。那么，样本在 $\boldsymbol{v}_j$ 方向上的投影模长的方差为

$$
\frac{1}{m-1} \sum_{i=1}^{m} (z_{ij} - \bar{z}_j)^2
\tag{3-1-6}
$$

而"最大化差异"意味着最大化所有方向的投影方差之和，因此 PCA 等价于求解下述问题：

$$
\boldsymbol{V}^* = \underset{\boldsymbol{V}^{\mathrm{T}} \boldsymbol{V} = \boldsymbol{I}}{\arg\max} \sum_{j=1}^{k} \frac{1}{m-1} \sum_{i=1}^{m} (z_{ij} - \bar{z}_j)^2
\tag{3-1-7}
$$

结合式（3-1-5）和式（3-1-7）可做如下推导：

$$
\begin{aligned}
\boldsymbol{V}^* &= \underset{\boldsymbol{V}^{\mathrm{T}} \boldsymbol{V} = \boldsymbol{I}}{\arg\max} \sum_{j=1}^{k} \frac{1}{m-1} \sum_{i=1}^{m} (z_{ij} - \bar{z}_j)^2 \\
&= \underset{\boldsymbol{V}^{\mathrm{T}} \boldsymbol{V} = \boldsymbol{I}}{\arg\max} \sum_{j=1}^{k} \frac{1}{m-1} \sum_{i=1}^{m} (z_{ij} - \bar{\boldsymbol{x}}^{\mathrm{T}} \boldsymbol{v}_j)^2 \\
&= \underset{\boldsymbol{V}^{\mathrm{T}} \boldsymbol{V} = \boldsymbol{I}}{\arg\max} \sum_{j=1}^{k} \frac{1}{m-1} \sum_{i=1}^{m} (\boldsymbol{x}_i^{\mathrm{T}} \boldsymbol{v}_j - \bar{\boldsymbol{x}}^{\mathrm{T}} \boldsymbol{v}_j)^2 \\
&= \underset{\boldsymbol{V}^{\mathrm{T}} \boldsymbol{V} = \boldsymbol{I}}{\arg\max} \sum_{j=1}^{k} \frac{1}{m-1} \sum_{i=1}^{m} \boldsymbol{v}_j^{\mathrm{T}} (\boldsymbol{x}_i - \bar{\boldsymbol{x}})(\boldsymbol{x}_i - \bar{\boldsymbol{x}})^{\mathrm{T}} \boldsymbol{v}_j
\end{aligned}
$$

$$= \underset{\boldsymbol{V}^\mathrm{T}\boldsymbol{V}=\boldsymbol{I}}{\arg\max} \sum_{j=1}^{k} \boldsymbol{v}_j^\mathrm{T} \left(\frac{1}{m-1} \sum_{i=1}^{m} (\boldsymbol{x}_i - \overline{\boldsymbol{x}})(\boldsymbol{x}_i - \overline{\boldsymbol{x}})^\mathrm{T} \right) \boldsymbol{v}_j$$

$$= \underset{\boldsymbol{V}^\mathrm{T}\boldsymbol{V}=\boldsymbol{I}}{\arg\max} \sum_{j=1}^{k} \boldsymbol{v}_j^\mathrm{T} \boldsymbol{C} \boldsymbol{v}_j$$

$$= \underset{\boldsymbol{V}^\mathrm{T}\boldsymbol{V}=\boldsymbol{I}}{\arg\max}\ \mathrm{trace}(\boldsymbol{V}^\mathrm{T}\boldsymbol{C}\boldsymbol{V}) \tag{3-1-8}$$

其中，

$$\boldsymbol{C} = \frac{1}{m-1} \sum_{i=1}^{m} (\boldsymbol{x}_i - \overline{\boldsymbol{x}})(\boldsymbol{x}_i - \overline{\boldsymbol{x}})^\mathrm{T} \tag{3-1-9}$$

是矩阵 $\boldsymbol{A}$ 的协方差矩阵；$\mathrm{trace}(\boldsymbol{V}^\mathrm{T}\boldsymbol{C}\boldsymbol{V})$ 是 $\boldsymbol{V}^\mathrm{T}\boldsymbol{C}\boldsymbol{V}$ 的迹，即其对角线元素之和。

定义 $\boldsymbol{A}$ 的均值矩阵 $\overline{\boldsymbol{A}}$ 为

$$\overline{\boldsymbol{A}}_{m\times n} = \begin{bmatrix} \overline{\boldsymbol{x}}^\mathrm{T} \\ \overline{\boldsymbol{x}}^\mathrm{T} \\ \vdots \\ \overline{\boldsymbol{x}}^\mathrm{T} \end{bmatrix}$$

则对 $\boldsymbol{A}$ 进行中心化后矩阵为 $\widetilde{\boldsymbol{A}} = \boldsymbol{A} - \overline{\boldsymbol{A}}$，那么协方差矩阵

$$\boldsymbol{C} = \frac{1}{m-1} \sum_{i=1}^{m} (\boldsymbol{x}_i - \overline{\boldsymbol{x}})(\boldsymbol{x}_i - \overline{\boldsymbol{x}})^\mathrm{T} = \frac{1}{m-1} \widetilde{\boldsymbol{A}}^\mathrm{T} \widetilde{\boldsymbol{A}}$$

协方差矩阵 $\boldsymbol{C} \in \mathbb{R}^{n\times n}$ 是对称矩阵，假设其特征值为 $\lambda_1 \geqslant \lambda_2 \geqslant \cdots \geqslant \lambda_n$，对应的特征向量为 $[\boldsymbol{u}_1, \boldsymbol{u}_2, \cdots, \boldsymbol{u}_n]$，其中 $\boldsymbol{u}_j \in \mathbb{R}^n$。那么根据文献 [1] 中的推导，式（3-1-8）等于

$$\max_{\boldsymbol{V} \in \mathbb{R}^{n\times k}; \boldsymbol{V}^\mathrm{T}\boldsymbol{V}=\boldsymbol{I}} \mathrm{trace}(\boldsymbol{V}^\mathrm{T}\boldsymbol{C}\boldsymbol{V}) = \sum_{j=1}^{k} \lambda_j \tag{3-1-10}$$

且

$$\boldsymbol{V}^* = [\boldsymbol{u}_1, \boldsymbol{u}_2, \cdots, \boldsymbol{u}_k] \tag{3-1-11}$$

即 $\boldsymbol{v}_j^* = \boldsymbol{u}_j$。

综上所述，根据"最大化差异"的原则，可以得到求解 PCA 的一种方法，即 Covariance 方法，具体步骤如图 3-2 所示。

基于鲲鹏的大数据挖掘算法实战

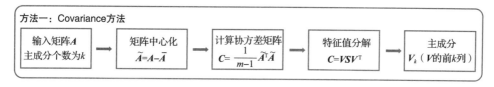

图 3-2　主成分分析- Covariance 方法

2. 最小化重构误差

利用 V 可以将降维后的矩阵 $Z_{m \times k}$ 重构为 n 维矩阵 $\hat{A}_{m \times n} = ZV^{T} = AVV^{T}$，则"最小化重构误差"意味着最小化 A 与 $\hat{A}$ 之间的差异，因此 PCA 等价于求解下述问题：

$$V^{*} = \underset{V^{T}V=I}{\arg\min} \| A - \hat{A} \|_{F}$$

$$= \underset{V^{T}V=I}{\arg\min} \| A - AVV^{T} \|_{F} \tag{3-1-12}$$

其中，$\| \cdot \|_{F}$ 是 Frobenius 范数。

假设 A 中心化后的矩阵为 $\tilde{A} = A - \bar{A}$，则式（3-1-12）可以写作

$$V^{*} = \underset{V^{T}V=I}{\arg\min} \| A - AVV^{T} \|_{F}$$

$$= \underset{V^{T}V=I}{\arg\min} \| (\tilde{A} + \bar{A}) - (\tilde{A} + \bar{A}) VV^{T} \|_{F}$$

$$= \underset{V^{T}V=I}{\arg\min} \| (\tilde{A} - \tilde{A}VV^{T}) + (\bar{A} - \bar{A}VV^{T}) \|_{F} \tag{3-1-13}$$

其中，$(\bar{A} - \bar{A}VV^{T})$ 衡量的是重构均值矩阵所带来的误差，而均值矩阵在线性映射时是一个偏置（offset），在最小化时可以不考虑此项，故式（3-1-13）可写为

$$V^{*} = \underset{V^{T}V=I}{\arg\min} \| \tilde{A} - \tilde{A}VV^{T} \|_{F} \tag{3-1-14}$$

对中心化矩阵进行奇异值分解 $\tilde{A} = USV^{T}$，则式（3-1-14）的解为 $V^{*} = V_{k}$，V_{k} 是 V 的前 k 列。其证明过程如下。

当已知 $\tilde{A} = USV^{T}$ 时，则

$$\tilde{A} V_{k} V_{k}^{T} = USV^{T} V_{k} V_{k}^{T}$$

$$= US \begin{bmatrix} V_{k}^{T} \\ V_{-k}^{T} \end{bmatrix} V_{k} V_{k}^{T}$$

$$= US \begin{bmatrix} I \\ 0 \end{bmatrix} V_k^T$$

$$= US \begin{bmatrix} V_k^T \\ 0 \end{bmatrix}$$

$$= U \begin{bmatrix} S_k & 0 \\ 0 & S_{-k} \end{bmatrix} \begin{bmatrix} V_k^T \\ 0 \end{bmatrix}$$

$$= U \begin{bmatrix} S_k V_k^T \\ 0 \end{bmatrix}$$

$$= \begin{bmatrix} U_k & U_{-k} \end{bmatrix} \begin{bmatrix} S_k V_k^T \\ 0 \end{bmatrix}$$

$$= U_k S_k V_k^T \tag{3-1-15}$$

由文献［2］可知，对于矩阵 $\tilde{A}$，其最优的低秩近似（best low-rank approximation）为 $U_k S_k V_k^T$，即

$$\underset{X:\,\mathrm{rank}(X)\leqslant k}{\arg\min} \| \tilde{A} - X \|_F = \| \tilde{A} - U_k S_k V_k^T \|_F \tag{3-1-16}$$

将式（3-1-15）代入，则有

$$\underset{X:\,\mathrm{rank}(X)\leqslant k}{\arg\min} \| \tilde{A} - X \|_F = \| \tilde{A} - \tilde{A} V_k V_k^T \|_F \tag{3-1-17}$$

同时已知 $V_k^T V_k = I$，则可证 $V^* = V_k$ 为式（3-1-14）的解。

综上所述，根据"最小化重构误差"的原则，可以得到求解 PCA 的另一种方法，即 SVD 方法，具体步骤如图 3-3 所示。

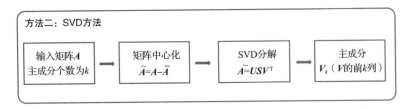

图 3-3　主成分分析-SVD 方法

SVD 方法的求解步骤虽然与 Covariance 方法不同，但其实两者在数学原理上是等价的。已知协方差矩阵

$$C = \frac{1}{m-1}\tilde{A}^{\mathrm{T}}\tilde{A} \qquad (3\text{-}1\text{-}18)$$

如果对 $\tilde{A}$ 进行奇异值分解 $\tilde{A} = USV^{\mathrm{T}}$，则

$$C = \frac{1}{m-1}VSU^{\mathrm{T}}USV^{\mathrm{T}}$$

$$= \frac{1}{m-1}VS^2V^{\mathrm{T}} \qquad (3\text{-}1\text{-}19)$$

即 SVD 方法得到的 $\tilde{A}$ 的右奇异矩阵，也是 Covariance 方法中 C 的特征向量矩阵，它们得出的主成分是相同的。

3.1.2 节、3.1.3 节中所述的 PCA 推导过程和求解步骤，涉及对矩阵的特征分解或 SVD 分解，并且只保留了低维空间中信息量最大的 k 个基向量作为主成分，因而 PCA 算法可以达到保留重要信息、削弱噪声的目的。

3.2 线性回归

回归分析是一种预测性的建模技术，它研究的是标签变量（目标）和特征变量之间的关系。标签变量也称为因变量、响应变量或者从属变量；特征变量也称为预测变量、输入变量、自变量或解释变量。这种技术通常用于预测分析，预测的过程即回归建模。线性回归，也称为普通最小二乘（Ordinary Least Square，OLS），是回归分析中最经典的线性模型，在实际应用中被广泛使用。

3.2.1 线性回归的损失函数

给定训练样本集，其特征数据为 $X = \{x_1, x_2, \cdots, x_m\}$，对应的标签数据为 $y = \{y_1, y_2, \cdots, y_m\}$，其中第 i 条样本的特征数据 x_i 是 n 维向量。在线性回归中，每个标签

y_i 与其对应的特征数据 $\boldsymbol{x}_i$ 之间线性相关。通常，我们可以借助一种线性关系对它们之间的这种依赖关系进行建模，即线性模型：

$$\hat{y}_i = \boldsymbol{w}^{\mathrm{T}} \boldsymbol{x}_i \tag{3-2-1}$$

其中，$\hat{y}_i$ 为标签预测值，$\boldsymbol{w} = (\boldsymbol{w}_1, \boldsymbol{w}_2, \cdots, \boldsymbol{w}_n)^{\mathrm{T}}$ 是 n 维参数向量。本小节忽略偏置参数 b，使用仅含权重的模型。如果需要，我们可以给每条样本增加一个值为 1 的特征，使其发挥偏置参数的作用。如果不想人工增加一维特征，也可以对样本矩阵和标签向量进行中心化，以消除偏置项。

线性回归的原理是，通过对训练样本进行学习，找到当训练样本集中标签预测值和其真实值的平方差最小时所对应的 $\boldsymbol{w}$ 的值。求解最佳模型参数需要一个标准来对模型参数进行衡量。为此，我们定量化一个损失函数（loss function，也可称为代价函数），使得参数在求解过程中不断地被优化。因此，根据得到的一组预测值 $\hat{y}_i$，对比已有的真实值 y_i，数据条数为 m，我们可以将损失函数定义为

$$L = \frac{1}{m} \sum_{i=1}^{m} (\hat{y}_i - y_i)^2 \tag{3-2-2}$$

即标签预测值与真实值之差的平方的平均值，统计学中一般称其为均方误差（Mean Square Error，MSE）。把线性模型代入上述损失函数，并且将需要求解的参数 $\boldsymbol{w}$ 看作函数 L 的自变量，可得

$$L(\boldsymbol{w}) = \frac{1}{m} \sum_{i=1}^{m} (\boldsymbol{w}^{\mathrm{T}} \boldsymbol{x}_i - y_i)^2 \tag{3-2-3}$$

在不考虑正则（regularization）的情况下，损失函数即为目标函数：

$$J(\boldsymbol{w}) = L(\boldsymbol{w}) \tag{3-2-4}$$

在得到目标函数后，线性回归通过最小化目标函数，得到了最优的模型参数 $\boldsymbol{w}^*$：

$$\boldsymbol{w}^* = \underset{\boldsymbol{w}}{\arg\min} J(\boldsymbol{w}) = \underset{\boldsymbol{w}}{\arg\min} \frac{1}{m} \sum_{i=1}^{m} (\boldsymbol{w}^{\mathrm{T}} \boldsymbol{x}_i - y_i)^2 \tag{3-2-5}$$

3.2.2　优化求解方法

针对线性回归的优化问题，常用的求解方法有如下两种。

1. 最小二乘法

最小二乘法（Least Square Method，LSM）是对模型的标签预测值和其真实值的平方误差为最小时的参数 w 进行学习，平方误差 $(w^{\mathrm{T}}x_i - y_i)^2$ 是残差 $w^{\mathrm{T}}x_i - y_i$ 的 l_2 范数，因此，最小二乘法有时也称为 l_2 损失最小化学习法。

基于上述的线性模型，为了表述简便，我们将训练样本集的平方误差表示为如式（3-2-6）的形式：

$$L(w) = \frac{1}{2}\|Xw - y\|^2 \tag{3-2-6}$$

其中，y 为训练样本集的 m 维标签向量，X 为 $m \times n$ 维样本矩阵。对参数向量 w 求偏微分，可得到：

$$\nabla L(w) = \left(\frac{\partial L}{\partial w_1}, \cdots, \frac{\partial L}{\partial w_n}\right)^{\mathrm{T}} = X^{\mathrm{T}}Xw - X^{\mathrm{T}}y \tag{3-2-7}$$

令上式为 0，则最小二乘解满足如下关系：

$$X^{\mathrm{T}}Xw = X^{\mathrm{T}}y \tag{3-2-8}$$

如果对称矩阵 $X^{\mathrm{T}}X$ 是可逆的，那么最终可以得到线性回归的解为：

$$w = (X^{\mathrm{T}}X)^{-1}X^{\mathrm{T}}y \tag{3-2-9}$$

2. 梯度下降法

梯度下降法（Gradient Descent，GD）是一种利用目标函数的梯度信息求解无约束最优化问题的方法，在最优化、统计学以及机器学习等领域有着广泛的应用。其主要思想为沿着目标函数的梯度下降方向寻找极小值，若目标函数为凸函数且定义域为凸集，则找到的极小值点为最小值点。

首先给出梯度的介绍，以二元函数 $z = f(x, y)$ 为例，假设其对每个变量都具有连续的一阶偏导数 $\frac{\partial z}{\partial x}$ 和 $\frac{\partial z}{\partial y}$，则这两个偏导数构成的向量 $\left(\frac{\partial z}{\partial x}, \frac{\partial z}{\partial y}\right)^{\mathrm{T}}$，即为该二元函数的梯度向量，一般记作 $\nabla f(x, y)$。

梯度下降法的一般求解步骤如下：

1）根据所选样本数据，计算当前目标函数的梯度 $\nabla J(\boldsymbol{w}_k)$；

2）若当前梯度 $\nabla J(\boldsymbol{w}_k)$ 小于给定阈值，则判定收敛；

3）基于学习率 η_k，对模型参数进行更新：$\boldsymbol{w}_{k+1} = \boldsymbol{w}_k - \eta_k \cdot \nabla J(\boldsymbol{w}_k)$；

4）将轮次下标 k 置换为 $k+1$。返回步骤 1）继续迭代，直至步骤 2）判定收敛。

根据计算梯度时所用样本数据量的不同，梯度下降法可以分为三种方法：批量梯度下降法（Batch Gradient Descent，BGD）、小批量梯度下降法（Mini-Batch Gradient Descent，MBGD）以及随机梯度下降法（Stochastic Gradient Descent，SGD）。

BGD 在每一轮迭代中选取整个训练样本集进行梯度计算，如果训练样本集的样本量很大，那么 BGD 的单轮迭代速度会比较慢。SGD 在每一轮迭代中随机选取一个样本，并以此进行梯度计算和参数更新，这样大大加快了迭代速度。但 SGD 更新是基于随机选取的样本，会导致在迭代过程中目标函数出现不同程度的波动。这种波动某种程度上有助于发现新的更优局部极小值，但目标函数出现大幅波动也可能导致 SGD 花费更多迭代轮次才能够收敛。MBGD 综合了 BGD 和 SGD 的迭代方式。在每轮迭代中，MBGD 随机选取一个小批量的样本数据进行迭代计算，使得目标函数能较稳定地向极值进行参数更新。

3.2.3　正则化

在实际应用中，为了提高模型在未知测试样本集上的泛化能力，防止模型过拟合，我们通常会在模型的目标函数中加入正则项（也称为惩罚项）。线性回归有两种常见的正则化方法：岭回归（Ridge Regression）和套索回归（Lasso Regression），两者的差异在于使用的正则项不同。

岭回归也称为 Tikhonov 正则化，它通过向目标函数添加一个 l_2 范数正则项 $\lambda \|\boldsymbol{w}\|_2^2$（$\lambda > 0$，是正则超参），使模型参数更加接近原点。一般认为参数较小的模型比较简单，能更好地适应不同的数据集，一定程度上避免了过拟合现象。套索回

归采用 l_1 正则项 $\lambda \|\boldsymbol{w}\|_1$ 代替了 l_2 正则项。与 l_2 正则化相比，l_1 正则化会使最优解中的一些参数为 0，或者说，它会产生更稀疏的解。因此，套索回归对于含有许多不相关特征的高维数据集特别有效。与岭回归相比，套索回归通过减少特征的数量来简化线性回归模型，可以进行高度可解释性的特征选择。

3.3 逻辑回归

上一节讨论了线性回归算法，它的主要思想是通过调整参数，使得线性模型尽可能地拟合各个样本。在线性回归中，由于标签变量是连续的，我们可以根据标签变量和特征变量之间存在的线性关系来构造回归模型。但当标签变量是离散的或者非连续时，标签变量和特征变量之间就不存在这种线性回归关系了。逻辑回归就是一种针对标签变量为离散情况的回归分析方法。线性模型能够解决分类问题并可以对离散标签进行预测的秘密全部藏在 Logistic 函数里面，下面从 Logistic 函数开始介绍逻辑回归。

3.3.1 Logistic 函数

Logistic 函数由统计学家皮埃尔·弗朗索瓦·韦吕勒于 19 世纪提出，是数据科学领域一个非常重要的函数。它最大的特点就是拥有许多人梦寐以求的 S 形曲线，也被称为 Sigmoid 函数。因为它对数据的处理方式非常接近大脑神经的激活模式，所以在逻辑回归、神经网络等模型中有着非常重要的应用。

如图 3-4 所示，Logistic 函数扮演了类似阶跃函数的角色，在坐标 "0" 处有着明显的缩放特性，并且 Logistic 函数可导。显然我们可以通过拟合一个 Logistic 函数来预测一个事件发生的概率，它的输出值在（0，1）之间。鉴于此，逻辑回归将线性模型的输出和 Logistic 函数的输入串接起来。对于 Logistic 函数计算出来的概率，我们将阈值设置为 0.5。这样，当样本标签为类别 1 时，我们让线性模型输出的预测值大于 0，越大越好；相反，当样本标签为类别 0 时，我们让线性模型输出的预测值小于 0，越小越好。据此思路，对逻辑回归算法进行数学解析。

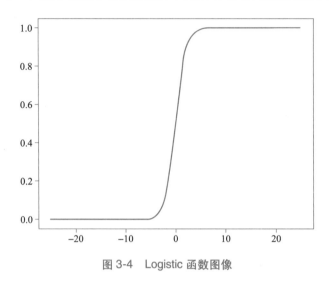

图 3-4　Logistic 函数图像

Logistic 函数的表达式为：

$$\text{Logistic}(z) = \frac{1}{1+e^{-z}} \tag{3-3-1}$$

基于线性模型，引入 Logistic 函数构造逻辑回归模型：

$$h(\boldsymbol{x}) = \text{Logistic}(\boldsymbol{w}^{\mathrm{T}}\boldsymbol{x}+b) = \frac{1}{1+e^{-(\boldsymbol{w}^{\mathrm{T}}\boldsymbol{x}+b)}} \tag{3-3-2}$$

Logistic 函数将线性模型的输出变成了沿 S 曲线分布，进一步可处理成离散的预测结果。

3.3.2　逻辑回归的损失函数

损失函数能够评估模型的预测值与真实值之间的差异。在机器学习领域，我们经常使用它来衡量模型的好坏。逻辑回归模型预估的是样本属于某个类别的概率，其损失函数可以像线型回归那样，以均方差来表示，也可以用对数、概率等方法表示。

　　　　　　　　　　　　　　基于鲲鹏的大数据挖掘算法实战

为获得符合训练样本集的最优模型，我们可以从概率统计角度来考虑如何定义一个合理的模型损失函数。与线性回归类似，逻辑回归模型基于样本特征 $\boldsymbol{x}_i$ 进行预测的结果 $h(\boldsymbol{x}_i)$ 应尽可能地与样本标签 y_i 接近。如果把预测结果看作概率，那么 $y_i=1$ 和 $y_i=0$ 时的后验概率分别为：

$$P(y_i=1 \mid \boldsymbol{x}_i; \ \boldsymbol{w})=h_{\boldsymbol{w}}(\boldsymbol{x}_i)$$
$$P(y_i=0 \mid \boldsymbol{x}_i; \ \boldsymbol{w})=1-h_{\boldsymbol{w}}(\boldsymbol{x}_i) \tag{3-3-3}$$

其中，$h_{\boldsymbol{w}}(\boldsymbol{x}_i)$ 表示当逻辑回归模型参数为 $\boldsymbol{w}$ 时基于样本特征 $\boldsymbol{x}_i$ 计算出的预测结果。将上面两个式子合二为一，可以得到：

$$P(y_i \mid \boldsymbol{x}_i; \ \boldsymbol{w})=h_{\boldsymbol{w}}(\boldsymbol{x}_i)^{y_i}(1-h_{\boldsymbol{w}}(\boldsymbol{x}_i))^{1-y_i} \tag{3-3-4}$$

统计学常使用最大似然估计法（Maximum Likelihood Estimation）来求解参数，即在给定样本集上找到一组似然概率最大的参数。给定训练样本集 D，其特征数据为 $\boldsymbol{X}=\{\boldsymbol{x}_1,\boldsymbol{x}_2,\cdots,\boldsymbol{x}_m\}$，对应的类别标签数据为 $y=\{y_1,y_2,\cdots,y_m\}$。在参数为 $\boldsymbol{w}$ 时，训练样本集 D 的似然概率可表示为式（3-3-5）。

$$l(\boldsymbol{w} \mid \boldsymbol{X},y)=\prod_{i=1}^{m} h_{\boldsymbol{w}}(\boldsymbol{x}_i)^{y_i}(1-h_{\boldsymbol{w}}(\boldsymbol{x}_i))^{1-y_i} \tag{3-3-5}$$

从上式可以看出，似然概率是 m 条样本的后验概率相乘。由于连乘计算复杂，且连乘结果会是个非常小的值，容易发生计算丢位，我们通常采用取对数的方式把连乘变成累加形式，以避免丢位的现象发生，如式（3-3-6）所示：

$$\log(l(\boldsymbol{w} \mid \boldsymbol{x},y))=\sum_{i=1}^{m} \left[y_i \log(h_{\boldsymbol{w}}(\boldsymbol{x}_i))+(1-y_i) \log(1-h_{\boldsymbol{w}}(\boldsymbol{x}_i)) \right] \tag{3-3-6}$$

转化后的对数似然函数求导方便，并且是一个凸函数，则求解得到的模型参数是唯一的。根据最大似然估计法，可将逻辑回归问题转化为最优化问题：

$$\boldsymbol{w}^* =\operatorname*{argmax}_{\boldsymbol{w}}\log(l(\boldsymbol{w} \mid \boldsymbol{x},y)) \tag{3-3-7}$$

由于机器学习领域的最优化问题通常使损失最小化，因此对上式的优化目标取反并且求平均，最终将最大化似然概率转化为最小化逻辑回归损失函数的最优化问题，可以得到逻辑回归的损失函数为

$$L(\boldsymbol{w}) = -\frac{1}{m}\sum_{i=1}^{m}\left[y_i\log(h_{\boldsymbol{w}}(\boldsymbol{x}_i)) + (1-y_i)\log(1-h_{\boldsymbol{w}}(\boldsymbol{x}_i))\right] \qquad (3\text{-}3\text{-}8)$$

上述从概率统计的最大似然概率推导出了逻辑回归的损失函数，也可以从信息论的交叉熵推导出损失函数。给定一条样本的特征数据 $\boldsymbol{x}_i$，在二分类场景下其标签 y_i 的真实概率分布为 $\{y_i, 1-y_i\}$，预测概率分布为 $\{P(\boldsymbol{x}_i;\boldsymbol{w}), 1-P(\boldsymbol{x}_i;\boldsymbol{w})\}$，则预测概率分布离真实概率分布的"距离"，即交叉熵为

$$-\left[y_i\log(P(\boldsymbol{x}_i;\boldsymbol{w})) + (1-y_i)\log(1-P(\boldsymbol{x}_i;\boldsymbol{w}))\right] \qquad (3\text{-}3\text{-}9)$$

那么对于训练样本集 D，所有样本的"距离"总和，即最终的交叉熵为

$$-\frac{1}{m}\sum_{i=1}^{m}\left[y_i\log(P(\boldsymbol{x}_i;\boldsymbol{w})) + (1-y_i)\log(1-P(\boldsymbol{x}_i;\boldsymbol{w}))\right] \qquad (3\text{-}3\text{-}10)$$

在逻辑回归场景下，$P(\boldsymbol{x};\boldsymbol{w})$ 即为式（3-3-3）。对比可知，由概率统计的最大似然概率推导出的损失函数（式（3-3-8））和由信息论的交叉熵推导出的损失函数（式（3-3-10））一致。

在不考虑正则项的情况下，损失函数即为目标函数：

$$J(\boldsymbol{w}) = L(\boldsymbol{w}) \qquad (3\text{-}3\text{-}11)$$

最终通过最小化目标函数达到最大化似然概率，从而实现模型最优参数估计：

$$\boldsymbol{w}^* = \underset{\boldsymbol{w}}{\arg\min}\, J(\boldsymbol{w}) \qquad (3\text{-}3\text{-}12)$$

从上述分析可以看出，逻辑回归的核心仍然是线性模型，训练方法与线性回归一样，其核心机制都是首先计算出预测值与实际值的偏差，然后根据偏差用损失函数和优化方法来不断调整线性模型的参数，从而拟合 Logistic 函数。在实际应用中，为了防止过拟合，我们通常会在逻辑回归的损失函数中加入惩罚项，这与线性回归中的情况非常相似，具体情况可参考 3.2.1 节。

3.3.3 多分类问题

二分类是多分类的特例，现实生活中有许多场景要求把样本划分到 K 个类别中的某一类。传统的逻辑回归只能处理二分类问题，对于多分类任务，基本思路是采用"拆解法"，即将多分类任务拆为若干个二分类任务再进行求解。具体来

说，先对问题进行拆分，然后分别为拆解出的每个二分类任务训练一个二分类器。在分类预测时，对这些二分类器的预测结果进行集成以获得最终的多分类结果。常用的拆分策略有 One-Vs-One 和 One-Vs-Rest。

1. One-Vs-One（一对一分类）

One-Vs-One 即一对一分类法，简称 OVO，其思路是分别为任意两个类别构造一个二分类器。假设多分类任务有 K 个类别标签，每个样本只对应一个类别，该方法将某一类别和另一类别比较，将多分类问题转化为二分类问题（如图 3-5 所示），总共有 $K(K-1)/2$ 个二分类器。对一条新样本进行分类时，该样本会被提交给所有二分类器进行分类，每次二分类相当于一次投票，得票最多的那个类别即为最终分类结果。若出现多个类别得票数目相同的情况，可根据各二分类器的预测置信度等信息进行集成，选择置信度最高的类别作为最终分类结果。

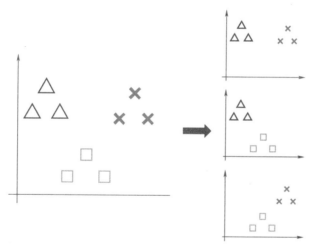

图 3-5　一对一分类

2. One-Vs-Rest（一对多分类）

One-Vs-Rest 即一对多分类法，简称 OVR，也被称为一对所有（One-Vs-All）。假设多分类任务有 K 个类别标签，每个样本只对应一个类别，该方法将某一类别和剩余的类别比较，将多分类问题转化为二分类问题（如图 3-6 所示），总共有 K

个二分类器。对一条新样本进行分类时，该样本会被提交给所有二分类器进行分类，每次二分类都会输出新样本属于该类别的概率，选择概率最高的那个类别作为最终分类结果。由于每个类别只由一个二分类器表示，可以直接通过检查相应的二分类器来获得该类的相关知识，因此 OVR 的可解释性强，常作为多分类的默认策略。

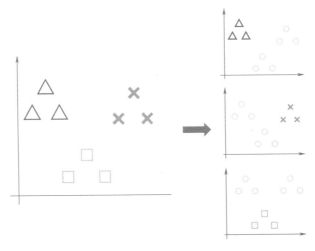

图 3-6　一对多分类

3.4 线性支持向量机

对于机器学习乃至更大范围的统计学来说，可用性和可解释性是一对冤家，一套理论完美的模型实际用起来往往不尽人意，而那些在实际应用中让人眼前一亮的模型，又难以用理论解释其中"效果拔群"的原因，就连在学术界和工业界大放异彩的深度学习模型也因缺乏可解释性而一直被人诟病是"中世纪的炼金术"。那么，有没有理论优美、实际效果又拔群的机器学习模型呢？答案是肯定的，那就是支持向量机（Support Vector Machine，SVM）。SVM 是 Cortes 和 Vapnik 于 1995 年首先提出的[3]。SVM 是在统计学习理论的基础上借助最优化方法解决机

　基于鲲鹏的大数据挖掘算法实战

器学习问题的一种技术方法。从某种意义上说，SVM 为机器学习树立了一个理想模型的标杆，说它是前深度学习时代的"王者"也不为过。

SVM 最初面向线性问题进行设计，而后相关学者又引入了核技巧，使之能支持非线性问题。本节关注线性模型，接下来会对二分类场景下的线性 SVM（Linear SVM）进行详细介绍。若读者对非线性 SVM 感兴趣，可以参考文献 [4]。

3.4.1 支持向量机的基本概念

对于给定的数据集，如果它是线性可分的，那么我们可以找到一个超平面，将此数据集按类别标签进行分离。在二维空间内，相应的分离超平面是一条直线。通常我们可以画出无限多条分离直线，但希望找到其中最好的一条分离直线，即在给定的数据集上具有最小误差的分离直线。相应地，在多维空间中，我们希望找出最好的超平面，SVM 通过寻找最大间隔超平面（Maximum Marginal Hyperplane，MMH）来处理该问题。

图 3-7 直观地展示了线性可分数据以及 SVM 寻找的 MMH。图中空心圆和实心圆分别代表两种不同类别的数据，H_1 和 H_2 为两类数据的分类边界。MMH 不但要保证正确地将两类数据分开，而且还要使分类间隔（Margin）最大，这里的分类间隔指分类边界 H_1 和 H_2 之间的距离。

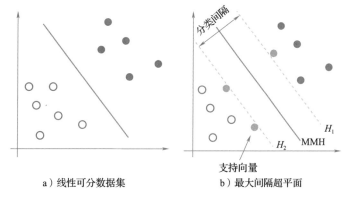

a）线性可分数据集　　　　b）最大间隔超平面

图 3-7　最大间隔超平面示意图

假设给定线性可分的数据集为 $D=\{(\boldsymbol{x}_i,y_i)\}$。其中，$\boldsymbol{x}_i \in \boldsymbol{R}^n$，$y_i \in \{+1,-1\}$，$i=1,2,\cdots,m$。$\boldsymbol{x}_i$ 为第 i 条样本的特征数据，y_i 为 $\boldsymbol{x}_i$ 的类别标签，$+1$ 表示正类，-1 表示负类。在 n 维空间中线性判别函数一般表示为 $g(\boldsymbol{x})=\boldsymbol{w}^{\mathrm{T}}\boldsymbol{x}+b$，则对应的分离超平面可以表示为：

$$\boldsymbol{w}^{\mathrm{T}}\boldsymbol{x}+b=0 \tag{3-4-1}$$

其中，$\boldsymbol{w}$ 为超平面的法向量，它表示超平面的方向，b 为超平面的截距标量。因此，$\boldsymbol{w}$ 和 b 就决定了一个超平面，这里将超平面记为 $(\boldsymbol{w},b)$。很容易可以得到样本数据 $\boldsymbol{x}_i$ 到超平面 $(\boldsymbol{w},b)$ 的几何间隔为

$$\gamma_i = \frac{y_i(\boldsymbol{w}^{\mathrm{T}}\boldsymbol{x}_i+b)}{\|\boldsymbol{w}\|} \tag{3-4-2}$$

其中 $\|\cdot\|$ 为欧几里得范数。

定义超平面 $(\boldsymbol{w},b)$ 关于数据集 D 的几何间隔为所有样本到超平面的距离的最小值，即 $\gamma = \min\limits_{i=1,\cdots,m}\gamma_i$。

在线性可分的情况下，定义支持向量（Support Vectors）为数据集中与超平面距离最近的所有数据。图 3-7b 中虚线上的点即为支持向量，可将其描述为

$$|\boldsymbol{w}^{\mathrm{T}}\boldsymbol{x}_i+b| = 1 \tag{3-4-3}$$

如果超平面能正确地分开数据，那么，位于分离超平面上方的点（即正类数据）满足：

$$H_1: \ \boldsymbol{w}^{\mathrm{T}}\boldsymbol{x}_i+b>1, \quad 对于 \ y_i=+1 \tag{3-4-4}$$

同理，位于分离超平面下方的点（即负类数据）满足：

$$H_2: \ \boldsymbol{w}^{\mathrm{T}}\boldsymbol{x}_i+b<-1, \quad 对于 \ y_i=-1 \tag{3-4-5}$$

换言之，落在 H_1 上或其上方的数据都属于正类，而落在 H_2 上或其下方的数据都属于负类。

将分离超平面 $\boldsymbol{w}^{\mathrm{T}}\boldsymbol{x}_i+b=0$ 进行归一化，使两类数据都满足 $y_i(\boldsymbol{w}^{\mathrm{T}}\boldsymbol{x}_i+b) \geqslant 1$。当 $y_i(\boldsymbol{w}^{\mathrm{T}}\boldsymbol{x}_i+b)=1$ 时，从分离超平面到 H_1 或 H_2 上任意点的距离（即几何间隔）是 $\dfrac{1}{\|\boldsymbol{w}\|}$，相应的分类间隔大小就等于 $\dfrac{2}{\|\boldsymbol{w}\|}$。基于上述思路，SVM 可以通过最大化分

类间隔 $\dfrac{2}{\|\boldsymbol{w}\|}$ 找到 MMH，使得所有数据被正确地分类：

$$y_i(\boldsymbol{w}^{\mathrm{T}}\boldsymbol{x}_i+b)\geqslant 1,\quad i=1,2,\cdots,m \tag{3-4-6}$$

3.4.2　线性支持向量机的损失函数

SVM 为了找到 MMH 需要将分类间隔最大化，这是一个带约束条件的最优化问题。MMH 问题可以表示成如下的带约束的（凸）二次最优化问题，即在式（3-4-6）的约束下，求 $\max\limits_{\boldsymbol{w},b}\dfrac{1}{\|\boldsymbol{w}\|}$。因为最大化 $\dfrac{1}{\|\boldsymbol{w}\|}$ 和最小化 $\dfrac{1}{2}\|\boldsymbol{w}\|^2$ 在优化问题中是等价的，所以优化问题可以转换为 $\min\limits_{\boldsymbol{w},b}\dfrac{1}{2}\|\boldsymbol{w}\|^2$。这样可以使得这个问题的求解更加容易。至此，我们得到了求解线性 SVM 的最优化问题：

$$\min_{\boldsymbol{w},b}\frac{1}{2}\|\boldsymbol{w}\|^2 \tag{3-4-7}$$

且该优化问题存在约束要求 $y_i(\boldsymbol{w}^{\mathrm{T}}\boldsymbol{x}_i+b)\geqslant 1$，$(i=1,2,\cdots,m)$。

应用拉格朗日对偶性，可以给出线性 SVM 的对偶算法。即，通过求解对偶问题得到上述原始最优化问题的解。

首先，构建拉格朗日函数为

$$L(\boldsymbol{w},b,\boldsymbol{\alpha})=\frac{1}{2}\|\boldsymbol{w}\|^2-\sum_{i=1}^{m}\boldsymbol{\alpha}_i y_i(\boldsymbol{w}^{\mathrm{T}}\boldsymbol{x}_i+b)+\sum_{i=1}^{m}\boldsymbol{\alpha}_i \tag{3-4-8}$$

其中，$\boldsymbol{\alpha}=(\boldsymbol{\alpha}_1,\boldsymbol{\alpha}_2,\cdots,\boldsymbol{\alpha}_m)^{\mathrm{T}}$ 为拉格朗日乘子向量。

原始问题对应式（3-4-8）的极大极小问题，其等价于对偶最优化问题：

$$\min_{\boldsymbol{\alpha}}\sum_{i=1}^{m}\sum_{j=1}^{m}\frac{1}{2}\boldsymbol{\alpha}_i\boldsymbol{\alpha}_j y_i y_j \boldsymbol{x}_i^{\mathrm{T}}\boldsymbol{x}_j-\sum_{i=1}^{m}\boldsymbol{\alpha}_i \tag{3-4-9}$$

其中，$\sum\limits_{i=1}^{m}\boldsymbol{\alpha}_i y_i=0$，$\boldsymbol{\alpha}_i\geqslant 0$，$i=1,2,\cdots,m$。

以上是最基础的支持向量机的思想，在实际应用中，绝大多数情况下的数据集是线性不可分的，无法使用上述硬间隔最大化的思路。这时，需要引入一种新的特性——软间隔最大化，以实现线性 SVM。

因为训练数据集线性不可分，所以在式（3-4-6）中引入松弛变量 $\xi_i \geq 0$，即

$$y_i(\boldsymbol{w}^T \boldsymbol{x}_i + b) - 1 + \xi_i \geq 0, \quad (i = 1, 2, \cdots, m) \tag{3-4-10}$$

每一个松弛变量 ξ_i 都需要支付一个代价 ξ_i。那么，优化问题需要由原来的

$\min\limits_{\boldsymbol{w}, b} \dfrac{1}{2} \| \boldsymbol{w} \|^2$ 转换为 $\min\limits_{\boldsymbol{w}, b, \xi} \dfrac{1}{2} \| \boldsymbol{w} \|^2 + C \sum\limits_{i=1}^{m} \xi_i$。

即在放宽优化条件的同时，在目标函数中引入了对放宽约束条件的惩罚项：
$C \sum\limits_{i=1}^{m} \xi_i$，$C > 0$ 为惩罚系数，用于调节对误分类点的容忍程度。对于这个优化问题，我们同样可以得到它的对偶问题：

$$\min_{\boldsymbol{\alpha}} \sum_{i=1}^{m} \sum_{j=1}^{m} \frac{1}{2} \boldsymbol{\alpha}_i \boldsymbol{\alpha}_j y_i y_j \boldsymbol{x}_i^T \boldsymbol{x}_j - \sum_{i=1}^{m} \boldsymbol{\alpha}_i \tag{3-4-11}$$

其中，$\sum\limits_{i=1}^{m} \boldsymbol{\alpha}_i y_i = 0$，$0 \leq \boldsymbol{\alpha}_i \leq C$，$i = 1, 2, \cdots, m$。

接下来，将上述最优化问题等价转换为不带限制条件的最优化问题。首先，只考虑目标函数的损失部分 $\sum\limits_{i=1}^{m} \xi_i$。在不影响其他参数的情况下，$\xi_i$ 越接近 0 越好。由此 ξ_i 可以表示为

$$\xi_i = \max(0, 1 - y_i(\boldsymbol{w}^T \boldsymbol{x}_i + b)) \tag{3-4-12}$$

由于 $\xi_i = \max(0, 1 - y_i(\boldsymbol{w}^T \boldsymbol{x}_i + b)) \geq 1 - y_i(\boldsymbol{w}^T \boldsymbol{x}_i + b)$，上式包含了式（3-4-10）对应的约束条件。因此，SVM 的最优化问题可以改写为

$$\min_{\boldsymbol{w}, b} \frac{1}{2} \| \boldsymbol{w} \|^2 + C \sum_{i=1}^{m} \max(0, 1 - y_i(\boldsymbol{w}^T \boldsymbol{x}_i + b)) \tag{3-4-13}$$

其中，$C > 0$ 是模型给定的超参数。SVM 的目标函数可以表示为

$$L(\boldsymbol{w}, b) = \frac{1}{2} \| \boldsymbol{w} \|^2 + C \sum_{i=1}^{m} \max(0, 1 - y_i(\boldsymbol{w}^T \boldsymbol{x}_i + b)) \tag{3-4-14}$$

从上式可以看出该目标函数由结构风险和经验风险两部分组成。其中，左边一项为结构风险，即惩罚项，用来度量模型自身的复杂度，可以降低过拟合风险，

该项为二次幂形式，也称为 l_2 正则项。右边一项为经验风险，即模型的预测损失，度量了模型对训练数据的拟合程度，这里采用合页损失函数（Hinge Loss Function）。在机器学习中，合页损失函数通常被用于 SVM 这种基于最大间隔（Maximum Margin）的算法。

综上所述，本节介绍了线性 SVM 的硬间隔最大化和软间隔最大化，定义了相应的最优化原始问题及对偶问题，并给出了最小化正则合页损失函数的等价形式。在现实应用中，线性 SVM 一般可使用 3.2.1 节介绍的梯度下降法进行最优化求解。

3.5 决策树

准确地说，决策树算法是"一类"算法，这类算法都有着类似的树形结构，基本原理都是采用类似 if-then 规则完成样本预测，区别主要是在特征选择准则和决策树生成等细节上选择了不同的解决方案。最著名的决策树算法一共有三种，分别是 ID3、C4.5 和 CART，它们涉及的常用特征选择准则包括信息增益、增益率和基尼指数（Gini index）这三种不同的指标。

3.5.1 决策树算法概述

决策树（Decision Tree）是一个能够自动对数据进行分类和回归的树型结构。我们从中归纳出一组决策规则，在下文中主要以分类决策树为例进行介绍。树中包含三种结点类型：根结点、内部结点和叶结点。其中，决策树的分类从树的最顶层结点即根结点开始；树中的根结点及每个内部结点都代表着对样本一个特征的测试，每个分支代表该测试的一个输出；叶结点代表某个类。决策树构造的输入是一组带标签的样本，构造的结果是一棵二叉树或多叉树。

决策树分类首先要利用训练集建立决策树模型，然后根据这个决策树模型对输入数据进行分类。其中，关键部分为决策树的构建，这一过程包括建树和剪枝两个步骤。建树算法是通过递归得到一棵决策树；而剪枝则可以简化决策树，削弱过拟合现象对决策树泛化能力的影响。

ID3、C4.5 和 CART 都采用贪心方法，以自顶向下递归的"分而治之"（Divide-and-Conquer）策略构造决策树。最开始，决策树选取一个特征作为判别条件，也就是根结点。分类问题中的每个样本都涉及多个特征，样本的每个特征都可能与最终的类别存在某种关联关系，仅仅根据一个特征分类的结果往往与真实标签仍存在较大差异，算法还需要基于已构造的分支继续构造新的分支，即采用某种特征选择准则（如信息增益、基尼指数等）递归地将训练集划分成较小的子集，这一过程称为决策树的结点分裂（如下图 3-8 所示）。

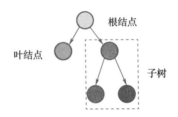

图 3-8 决策树的结点分裂

决策树通过叶结点递归式地不断分裂进行决策树的构建。那么，结点的分裂什么时候停止呢？以分类决策树为例，停止条件通常可以概括为如下三种：

1）当数据集已经完成了分类，即当前结点的样本都属于同一类。

2）当前结点的样本集合为空或样本数小于设定阈值。

3）当前结点进行分裂带来的最大收益（即信息增益的增加值，信息增益比的增加值或基尼指数的减小值）小于设定阈值。

除了上述决策树算法自身带有的停止条件外，我们在实际应用中也可以设置一些阈值作为停止条件，比如决策树的深度或叶结点的个数等。结点分裂停止后，未进行分裂的结点被标记为叶结点。在分类任务中，该结点所含样本中占比最大的类别是该叶结点的最终输出；在回归任务中，该结点所含样本标签的均值是该叶结点的最终输出。

基于鲲鹏的大数据挖掘算法实战

在前文提过，常见的决策树学习算法有 ID3、C4.5 和 CART，它们的区别主要在于特征选择和生成过程。其中特征选择的准则是构造决策树的关键，在分类任务中即为分类条件，它们决定了给定结点上的子样本集如何分裂。决策树训练的目的是使最终决策树子结点包含的样本尽可能属于同一个类别，为此决策树引入了"纯度（Purity）"的概念，即集合中属于同一类别的样本越多，这个集合的纯度越高。在决策树特征选择过程中，信息增益、增益率和基尼指数三种不同的准则都有着相同的目的——衡量分支下的结点纯度。在二分类决策树下，当某个类在该结点下占比达到最大值（或最小值）时，纯度达到最高值。相反，当前结点下的样本所属类别正类和负类各占一半时，纯度取最小值。

3.5.2 ID3 决策树算法

ID3 决策树算法使用信息增益作为特征选择准则，信息增益的计算基于"信息熵"这一概念。信息熵由信息论之父香农提出，在这里通常用来衡量一个内部结点的信息量。信息熵越小，意味着信息越规整，由于这与决策树算法对"纯度"的要求不谋而合，因此被用作衡量样本集纯度的一种常用指标。对要进行信息熵计算的样本集 X，其数学表达式非常简单：

$$\text{Info}(X) = -\sum_{i=1}^{n} p_i \log_2(p_i) \tag{3-5-1}$$

其中，p_i 是类别为 i 的样本在集合中的个数占比，$\text{Info}(X)$ 称为 X 的熵（entropy），即识别样本集 X 中样本类别所需要的平均信息量。

根据式（3-5-1）来计算一下二分类问题中的两种极端情况。假设当前样本都属于类别 i，也就是说 i 类占比达到 100%，另一类 j 占比为 0%，那么信息熵为

$$\text{Info}(X) = -(1\log_2(1) + 0) = 0 \tag{3-5-2}$$

当 i 类和 j 类各占比 50%时，$p_i = p_j = 0.5$，则信息熵为

$$\text{Info}(X) = -(0.5\log_2(0.5) + 0.5\log_2(0.5)) = 1 \tag{3-5-3}$$

上面对极端情况的计算也直观地印证了决策树中信息熵和纯度的关系，即信息熵越高，纯度越低；信息熵越低，纯度越高，这也是决策树学习的目标。但是

信息熵以整个集合作为计算对象，如何使用它从特征集中选出最优特征作为判别条件呢？这正是下面要讲的信息增益。

在分类任务中，信息增益可以定义为原来对数据集进行分类的不确定性 $\mathrm{Info}(X)$ 与对数据集进行划分后进行分类的不确定性 $\mathrm{Info}_t(X)$ 之间的差，其中 t 为结点的分裂特征。通俗地讲，数据集按某个特征进行划分后得到多个子集，如果子集的纯度比原来的集合纯度高，则说明此次划分起到了正面的作用，纯度提升越多，说明所选择的判别条件越合适。将划分前集合的信息熵与按某一特征划分后集合的信息熵求差，即可得到信息增益，其可以描述为如下数学形式：

$$\mathrm{Gain}_t(X) = \mathrm{Info}(X) - \mathrm{Info}_t(X) \tag{3-5-4}$$

其中，$\mathrm{Gain}_t(X)$ 为样本集 X 选择特征 t 划分子集时的信息增益。$\mathrm{Info}_t(X)$ 可以进一步表示为

$$\mathrm{Info}_t(X) = \sum_{j=1}^{v} \frac{|X_j|}{|X|} \mathrm{Info}(X_j) \tag{3-5-5}$$

其中，v 表示按特征 t 进行划分后得到的子集个数，$|X_j|$ 用来表示划分后第 j 个子集的元素个数，$\dfrac{|X_j|}{|X|}$ 即某个子集的元素个数在原集合的总元素个数的占比，在上式中则作为该子集信息熵的权重。通过上式可以看出，$\mathrm{Info}_t(X)$ 实际上是按照特征 t 进行划分后产生的所有子集的信息熵的加权和。

ID3 算法使用信息增益作为特征选择准则，这使得对每个结点进行测试时，都能选出对于被测试样本信息增益最大的特征作为判别条件。使用该特征将训练样本集分成子集后，系统的信息熵最小，期望所得到的子结点的纯度最高，有利于使得该子结点到各个后代叶结点的平均路径最短，从而生成深度较小的决策树，提高分类的速度。

3.5.3 C4.5 算法

信息增益准则倾向于选择具有大量枚举值的特征。比如，作为唯一标识符的属性（如学生的学号），其划分得到的子集将与特征值一样多，且每个子集只包含

一个样本。由于得到的每个子集都是纯的，因此基于该划分对数据集分类所需要的信息熵 $\text{Info}_{\text{studentNo}}(X)=0$，那么通过该学号特征划分得到的信息增益最大，但这种划分的泛化能力差，对分类没有意义。ID3 算法的"升级版"C4.5 算法使用了一种称为信息增益率（Gain ratio）的准则，对信息增益进行了改进，以克服上述问题。

以分类任务为例，假设特征 t 为当前结点的分裂特征，有 v 个不同的枚举值 $\{t_1,t_2,\cdots,t_v\}$，我们可以将样本集 X 划分为 v 个子集 $\{X_1,X_2,\cdots,X_v\}$，其中 X_j 表示根据 t 分类取值为 t_j 的子样本集。那么，样本集 X 根据特征 t 划分产生的 v 个子集共同产生的信息可以记为特征 t 的固有值 SplitInfo_t。SplitInfo_t 的数学表达式如式（3-5-6）：

$$\text{SplitInfo}_t(X) = -\sum_{j=1}^{v} \frac{|X_j|}{|X|}\log_2\left(\frac{|X_j|}{|X|}\right) \qquad (3\text{-}5\text{-}6)$$

其含义是特征 t 的枚举值越多，其固有值 SplitInfo_t 越大。值得注意的是，虽然与信息增益中 $\text{Info}(X)$ 的计算形式类似，但 SplitInfo_t 是根据特征 f 划分后的固有值，而 $\text{Info}(X)$ 是划分前的原始信息熵。根据上一小节中定义的信息增益 $\text{Gain}_t(X)$，我们可以进一步将增益率定义为

$$\text{GainRate}_t(X) = \frac{\text{Gain}_t(X)}{\text{SplitInfo}_t(X)} \qquad (3\text{-}5\text{-}7)$$

信息增益率不同于信息增益，它克服了信息增益的缺点，使得算法偏向于选择枚举值较少的特征。为了避免这一偏好可能带来的负面影响，C4.5 算法不是直接选取具有最大信息增益率的特征作为分裂结点，而是先选出信息增益高于平均水平的特征集，再从中选出信息增益率最高的特征。除此以外，C4.5 算法可以处理连续型特征问题，其主要通过划分取值空间的方法（如最简单的二分法策略），如果特征值大于某个给定的值就走左子树，反之则走右子树。

3.5.4 分类回归树

分类回归树（Classification And Regression Tree，CART）是一种二叉树构建算

法，它同样既可以处理特征离散型（枚举型）问题，也可以处理特征连续型（数值型）问题。在处理离散型特征时，无论该分裂特征有多少个枚举值，CART 算法中每个结点只生成两个分支，而 C4.5 算法则可能生成多个分支；在处理连续型特征时，CART 算法采用与 C4.5 算法类似的离散化处理连续型特征方法。一个特征和在这个特征上的一种二元划分方式被称为分割点，其可以将结点上的样本集划分为两个子集。除此以外，CART 算法可以用于解决分类问题，同时也支持回归问题，以下将分别介绍 CART 分类树和 CART 回归树。

1. CART 分类树

构建 CART 分类树主要采用基尼指数来选择特征进行结点分裂。基尼指数是信息增益的一种近似计算，可以衡量集合的纯度；同时避免了信息增益和信息增益比中出现的对数计算过程，可以有效降低计算复杂度。具体来说，基尼指数表示在样本集合中一个随机选中的样本被分错的概率。基尼指数越小表示集合中被选中的样本被分错的概率越小，也就是说集合的纯度越高；反之则表示集合纯度越低。因此基尼指数也是衡量样本集 X 纯度的方式之一，定义为

$$\text{Gini}(X) = 1 - \sum_{i=1}^{c} p_i^2 \tag{3-5-8}$$

其中，c 为样本集中类别数，p_i 为类别占比，即样本集 X 中样本属于第 i 类的概率。

CART 分类树一般假设决策树为二叉树，因此在根据基尼指数进行结点的二元划分时，无论是具有多个枚举值的离散型特征，还是连续型特征，CART 算法都可以通过划分特征取值空间，将样本集 X 划分成 X_1 和 X_2。例如，在使用连续型特征 t 进行结点分裂时，特征 t 上值小于等于 t_0 的样本被划分到左子结点，得到子样本集 $X_1(t, t_0)$；大于 t_0 的样本被划分到右子结点，得到子样本集 $X_2(t, t_0)$。

$$X_1(t, t_0) = \{ x_i \mid x_{it} \leqslant t_0 \}, \quad X_2(t, t_0) = \{ x_i \mid x_{it} > t_0 \} \tag{3-5-9}$$

其中，x_{it} 表示数据 x_i 中特征 t 对应的特征值。

基尼指数是每个子集基尼指数的加权和，定义为

$$\text{Gini}_t(X) = \frac{|X_1|}{|X|}\text{Gini}(X_1) + \frac{|X_2|}{|X|}\text{Gini}(X_2) \tag{3-5-10}$$

考虑每个特征下的每种可能的分割点后,我们可以根据基尼指数最小的分割点进行结点的二分裂。

2. CART 回归树

与 CART 分类树不同的是,CART 回归树中样本集的标签是连续变量,无法直接通过上文介绍的基尼指数衡量决策树的纯度。

CART 回归树通常采用样本的平方损失函数值 Gain_σ 来衡量结点纯度,选择具有最小 Gain_σ 的特征及对应的特征值作为最优分割点。Gain_σ 值越小,说明二分之后子样本集的"差异性"越小,选择该特征上采用该分界值进行分裂的效果越好;相反,Gain_σ 值越大,表示该结点的数据越分散,预测的效果就越差,因此可采用 Gain_σ 作为评价分裂特征的指标。针对带有连续型标签的样本集 X,计算其平方损失函数如式(3-5-11):

$$\sigma(X) = \sum_{i=1}^{m}(y_i - \hat{y}_i)^2 \tag{3-5-11}$$

其中,m 为结点上的样本数,y_i 表示第 i 个样本的真实标签值,$\hat{y}_i$ 表示其预测值。

在 CART 回归树生成过程中,使用特征 t 和分界点 t_0 将样本集 X 划分为子集 X_1 和 X_2 后,左子结点和右子结点的值分别为 w_{X_1} 和 w_{X_2},即子样本集 X_1 和 X_2 中所有样本的预测值分别为 w_{X_1} 和 w_{X_2}。

那么,Gain_σ 计算如式(3-5-12):

$$\text{Gain\_}\sigma_{t,t_0}(X) = \sigma(X_1) + \sigma(X_2) \tag{3-5-12}$$

首先,基于特征 t 上分界点 t_0,分别求解出使 $\sigma(X_1)$ 和 $\sigma(X_2)$ 最小的 w_{X_1} 和 w_{X_2}。通常情况下,w_{X_1} 和 w_{X_2} 分别用子样本集 X_1 和 X_2 内部真实标签的均值来近似代替。

随后遍历所有特征,再对每个特征扫描所有可能的分界点,执行上述 Gain_$\sigma_{t,t_0}(X)$ 的计算过程,从中选出使 Gain_$\sigma_{t,t_0}(X)$ 最小的特征及相应分界点:

$$\min_{t \in X, t_0 \in t} \left(\mathrm{Gain\_}\sigma_{t,t_0}(X) \right) \qquad\qquad (3\text{-}5\text{-}13)$$

即为样本集 X 的最优分割点。当满足停止条件时，最终两个叶结点中所包含的子样本集的均值即为预测值。

3.6 随机森林

随机森林（Random Forest，RF）最早由 Leo Breiman 和 Adele Cutler 提出，是利用多棵树对样本进行训练并预测的一种集成模型。在学习随机森林之前，我们需要先明白什么是集成思想。集成学习（Ensemble Learning）是将多个学习模型组合，以获得更好的效果，使组合后的模型具有更强的泛化能力。严格来说，集成学习并不算是一种算法，也并没有创造出新的算法，它的核心思路就是"人多力量大"，也就是把已有的算法进行结合，从而得到更好的效果。集成学习会挑选一些简单的基础模型进行组装，组装这些基础模型主要有两种方法：

- Bagging（Bootstrap aggregating，也称作"套袋法"）：通过对训练样本或特征做有放回的抽样，构造若干个与原样本集中样本数相同的子样本集，并基于每个子样本集训练一个基学习器，进而基于民主的思想将这些基学习器进行结合（通常分类采用投票法，回归采样平均法），从而完成分类或回归任务。Bagging 框架可以通过投票或平均的方式均衡多个基学习器，从而降低方差。分类或回归的误差是由方差和偏差两个维度构成的，在 Bagging 框架下，我们通常选择具有低偏差、高方差的基学习器，利用 Bagging 框架能够降低方差的特点，使得集成模型趋于低偏差、低方差，从而降低整体的错误率。

- Boosting：通过迭代方式训练若干基学习器，但与 Bagging 不同的是，它经过不停的考验和筛选挑选出"精英"，在考验过程中根据已训练生成的模型产生的误差对训练样本的分布进行调整，并使用调整后的样本训练下一个基学习器，这使得误差较大的样本受到了更多关注，从而降低了整体偏差。因此在 Boosting 框架下选择的每轮基学习器需要够"简单"，具有高偏差、低方差的特点，框架再基于残差调整权重以降低偏差，使得集成模型趋于低偏差、低方差，达到降低整体错误率的目的。

如图 3-9 所示，随机森林的实质就是基于 Bagging 思想将多棵树集成的一种算法，它的基学习器仍然是决策树，每棵树会使用各自随机抽样的样本和特征进行

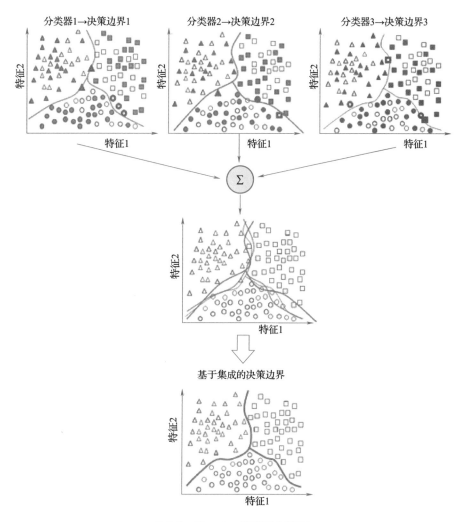

图 3-9　Bagging 思想的示意图

独立训练。针对分类问题，森林中 K 棵树会有 K 个分类结果，随机森林集成了所有的分类投票结果，并将投票次数最多的类别指定为最终的输出；针对回归问题，如采用 CART 回归树作为基回归器，森林中 K 棵树会相应地产生 K 个回归结果，在随机森林中有一种最简单的集成方法是对这 K 个回归结果求均值，均值即为最终的输出。

那随机森林具体如何构建呢？以分类任务为例，要构建森林，首先要构建森林中的每一棵树。在构建子决策树时，样本数据的选择基于统计学上的 Bootstrap 方法，即从 m 个训练样本 $\{(x_i, y_i)\}_{i=1}^m$ 中随机且有放回地从训练集中抽取 m 个训练样本（允许样本重复），再生成与原始的训练样本集有些许差异的样本集，样本采样的随机性是随机森林的第一个"随机性"。利用新生成的子样本集来构建子决策树，每棵子决策树可以看作一个基分类器。将该样本放到每个基分类器中，每个基分类器会输出一个结果。最后，如果有新的样本需要通过随机森林得到分类结果，若干个弱分类器就组成一个强分类器，对分类结果进行投票选择，从而得到随机森林的输出结果。

为了增大随机森林中各个子决策树的差异性，子决策树的每一个分裂过程并未用到所有的待选特征，而是从所有的待选特征中随机选取一定数量的特征，之后再在随机选取的特征子集中选取最优分割点应用于结点，进行分裂。也就是说，如果数据集的特征个数为 n，指定一个常数 $n_s \ll n$，随机地从 n 个特征中选取 n_s 个特征的子集。节点每次进行分裂时，从这 n_s 个特征中选择最优的，特征选择的随机性也是随机森林的第二个"随机性"。这样可以更好地提升系统的多样性，从而提升分类性能。然而随机森林的错误率受到每棵树分类能力和树之间相关性的影响，我们期望构造出树之间相关性较小的森林，且森林中每棵树都有较好的分类能力，从而得到泛化能力较好同时具有较高准确率的随机森林。如何选择最优的 n_s，将直接影响随机森林的错误率。减小特征选择个数 n_s，森林中任意两棵树的相关性会降低，但森林中每棵树的分类能力也会相应地降低，整个森林的错误率就有可能随之增加；相反，当增大特征选择个数 n_s 时，尽管每棵树的分类能力会增强，但森林中任意两棵树的相关性会增大，从而使得整个森林的错误率也可能会增加。

作为一种高度灵活的机器学习算法，随机森林拥有广泛的应用前景。随机森林的特点有：

- 具有较高的准确率；
- 能够有效地运行在大数据集上，容易实现并行化；
- 样本采样随机性和特征选择随机性的引入，使得随机森林不容易过拟合；
- 能够处理具有高维特征的输入样本，而且不需要降维；
- 既能处理离散型数据，又能处理连续型数据，数据集无须规范化。

3.7 梯度提升决策树

梯度提升决策树（Gradient Boosting Decision Tree，GBDT）是 Boosting 框架下使用较多的一种模型。传统的 Boosting 算法通常采用指数损失函数和平方误差损失函数，通过提高具有较大误差样本在模型中的权重，实现拟合的目的。GBDT 作为对传统 Boosting 的改进算法，主要采用了损失函数的负梯度来近似残差，可以支持更多种类的损失函数。下面将具体介绍 GBDT 的相关背景知识和计算原理。

3.7.1 负梯度与残差

3.6 节中简要介绍了 Boosting 是基于已训练模型的误差迭代式地拟合模型。具体来说，假设第 k 轮训练得到的单个基学习器模型为 $f_k(x)$，前 k 轮迭代得到的集成模型是 $\phi_k(x) = \sum_{r=1}^{k} f_r(x)$，损失函数是 $L(y, \phi_k(x))$。对于第 k 轮训练，其目标是找到一个基学习器 $f_k(x)$，使更新后的模型损失最小化：

$$f_k(x) = \underset{f_k(x)}{\operatorname{argmin}} L(y_i, \phi_{k-1}(x_i) + f_k(x)) \tag{3-7-1}$$

在 Boosting 中引入残差的概念来实现每一轮的损失最小化。根据定义，残差代表了当前模型 $\phi_{k-1}(x)$ 拟合数据与真实标签的差异，表示为

$$r = y - \phi_{k-1}(x) \tag{3-7-2}$$

Boosting 中基于残差 r 构建本轮模型 $f_k(x)$，使 $\phi_k(x)$ 相比 $\phi_{k-1}(x)$ 进一步贴近所期望的目标。以平方损失函数为例，在对第 k 轮基学习器计算时，有

$$L(y, \phi_{k-1}(x) + f_k(x)) = (y - \phi_{k-1}(x) - f_k(x))^2 = (r - f_k(x))^2 \tag{3-7-3}$$

那么每一轮的优化目标为使 $r - f_k(x)$ 尽可能地趋近于 0。

然而，当采用一般形式的损失函数时，如绝对值函数和 Huber 函数等，我们将这些损失函数代入上式计算，并不能直观得到每一轮基学习器优化时残差 r 与 $f_k(x)$ 的关系，这使得优化过程往往变得复杂。

基于这一发现，梯度提升决策树 GBDT 采用最速下降法来近似计算实现优化，即根据损失函数的负梯度作为 Boosting 算法中残差的近似值。如上文介绍，在迭代的某一轮中第 i 个样本的损失函数的负梯度可表示为

$$-\left[\frac{\partial L(y_i, f(x_i))}{\partial f(x_i)}\right]_{f(x) = \phi_{k-1}(x)} \tag{3-7-4}$$

当处理回归问题时，损失函数的负梯度往往是容易求解的，因此 GBDT 可以使用更为广泛的损失函数，完成不同的学习任务。可以想到，当定义的损失函数不同时，得到的负梯度自然也不同。比如，当选择平方损失函数时，损失函数表示为

$$L(y_i, f(x_i)) = (y_i - f(x_i))^2 \tag{3-7-5}$$

则负梯度为

$$-\left[\frac{\partial L(y_i, f(x_i))}{\partial f(x_i)}\right]_{f(x) = \phi_{k-1}(x)} = 2(y_i - \phi_{k-1}(x_i)) \tag{3-7-6}$$

在使用平方损失函数时可以发现，除了系数项以外，GBDT 的负梯度其实就是残差。因此，在回归问题中，很多时候我们采用 GBDT，这不但可以在迭代过程中更容易地优化大多数损失函数，而且损失函数的负梯度可以近似等于 Boosting 算法中的残差。

3.7.2 GBDT 的计算原理

对于具有 m 个样本的训练数据集 $\{(x_i, y_i)\}_{i=1}^m$，GBDT 算法每步优化时通过已训练生成模型在训练样本上的负梯度对训练样本的分布进行调整，并更新下一步学习的基学习器，拟合得到回归树。具体的实现过程如下。

首先，由于训练开始时并没有已经训练好的基学习器对样本进行预测，因此将所有样本的预测值均初始化为 w_0，并计算最优 w_0 使损失函数在训练集 X 上最小化，即有

$$f_0(x) = \underset{w_0}{\mathrm{argmin}} \sum_{i=1}^m L(y_i, w_0) \tag{3-7-7}$$

接着，对每个基学习器 $k=1,2,\cdots,K$ 有如下四个步骤：

1）对每个样本 $i=1,2,\cdots,m$ 计算负梯度来近似残差。在训练基学习器 k 时，对于第 i 个样本，此时损失函数的负梯度可描述为

$$r_{ki} = -\left[\frac{\partial L(y_i, f(x_i))}{\partial f(x_i)} \right]_{f(x) = \phi_{k-1}(x)} \tag{3-7-8}$$

2）将上步得到的负梯度作为样本新的标签，并将 $\{(x_i, r_{ki})\}_{i=1}^m$ 作为第 k 棵树的训练数据，由此可以拟合一棵新的 CART 回归树 $f_k(x)$，第 k 棵树的叶结点区域 $R_{kj}, j=1,2,\cdots,J$，其中 J 表示第 k 棵树的叶结点个数。

3）对第 k 棵树的每个叶结点 $j=1,2,\cdots,J$，我们可以利用线性搜索，估计叶结点的值 w_{kj}，计算使损失函数最小化的最优值 w_{kj}^*：

$$w_{kj}^* = \underset{w_{kj}}{\mathrm{argmin}} \sum_{x_i \in R_{kj}} L(y_i, \phi_{k-1}(x_i) + w_{kj}) \tag{3-7-9}$$

当采用 CART 回归树作为基学习器且损失函数为平方误差时，如 3.5.4 节介绍，通常 w_{kj}^* 的取值为集合内真实标签的均值。

那么，本轮得到的决策树拟合函数为

$$f_k(x) = \sum_{j=1}^J w_{kj}^* I(x \in R_{kj}) \tag{3-7-10}$$

其中，$I(x \in R_{kj})$ 表示 R_{kj} 中所含样本。

4）这样，就得到了第 k 棵树的决策树拟合函数，更新得到

$$\phi_k(x) = \phi_{k-1}(x) + \sum_{j=1}^{J} w_{kj}^* I(x \in R_{kj}) \tag{3-7-11}$$

通过上述四个步骤对每个基学习器进行训练，GBDT 最终得到的回归树如下：

$$\phi(x) = \sum_{k=1}^{K} \sum_{j=1}^{J} w_{kj}^* I(x \in R_{kj}) \tag{3-7-12}$$

3.7.3 GBDT 常用的损失函数

梯度提升决策树 GBDT 采用损失函数负梯度作为近似残差，相比传统的 Boosting 框架可以支持更多不同类型的损失函数，也可以完成不同的学习任务。

对于分类算法，其损失函数一般有指数损失函数和对数损失函数两种。以下对二分类和多分类的情况做具体讨论：

1）指数损失函数在二分类问题中的表达式与相应的梯度为

$$L(y_i, f(x_i)) = \exp(-y_i f(x_i)), \frac{\partial L(y_i, f(x_i))}{\partial f(x_i)} = -y_i \exp(-y_i f(x_i)) \tag{3-7-13}$$

在多分类问题中，通常采用 OvO（One vs. One）和 OvR（One vs. Rest）策略，将多分类问题拆解为多个二分类问题，公式与上述相同；采用 MVM（Many vs. Many）策略，涉及的情况较为复杂，在本部分不做赘述。

2）对数损失函数在二分类 GBDT 算法中的损失函数形式与相应的梯度为

$$L(y_i, f(x_i)) = \log(1 + \exp(-y_i f(x_i))), \ y_i \in \{-1, 1\} \tag{3-7-14}$$

$$\frac{\partial L(y_i, f(x_i))}{\partial f(x_i)} = -\frac{y_i}{1 + \exp(-y_i f(x_i))} \tag{3-7-15}$$

多分类 GBDT 计算形式相较二分类更为复杂，假设采用 OVR 策略且类别数为 c，则对数损失函数可表示为

$$L(y_i, f(x_i)) = -\sum_{j=1}^{c} y_{ij} \log p_{ij}(x_i) \tag{3-7-16}$$

其中，如果第 i 个样本的真实标签为 l，则 $y_{il} = 1$，$y_{i,j \neq l} = 0$。第 j 类的概率 $p_j(x_i)$ 的表达式为

$$p_j(x_i) = \frac{\exp(f^j(x_i))}{\sum_{j=1}^{c} \exp(f^j(x_i))} \tag{3-7-17}$$

其中，f^j 为对应类别 j 的基学习器的输出。

相应地，第 i 个样本对类别 k 的梯度表示为

$$\left. \frac{\partial L(y_i, f(x_i))}{\partial f(x_i)} \right|_j = y_{ij} - p_j(x_i) \tag{3-7-18}$$

对于回归算法，常用损失函数有平方损失函数、绝对值损失、Huber 损失及分位数损失 4 种，由于篇幅问题对于后两种不做赘述。

1）平方损失函数是最常见的一种回归损失函数，其表达式与相应的负梯度为

$$L(y_i, f(x_i)) = (y_i - f(x_i))^2, \frac{\partial L(y_i, f(x_i))}{\partial f(x_i)} = -2(y_i - f(x_i)) \tag{3-7-19}$$

2）绝对值损失的表达式与相应的负梯度如下：

$$L(y_i, f(x_i)) = |y_i - f(x_i)|, \frac{\partial L(y_i, f(x_i))}{\partial f(x_i)} = \text{sign}(y_i - f(x_i)) \tag{3-7-20}$$

3.8 XGBoost

XGBoost 仍然是 Boosting 框架下的一种算法，其本质上是对 GBDT 算法的改进。原理上，XGBoost 在优化过程中对损失函数进行了二阶导数的展开，并引入了正则项。由于 XGBoost 可将速度、效率等性能发挥到极致，因此也被称为 Extreme Gradient Boosting。它既可以用于分类又可以用于回归问题中，下文以回归问题为例进行 XGBoost 原理的介绍。

3.8.1 XGBoost 预测模型

XGBoost 通常选择 CART 树作为基学习器。以 CART 回归树为例，在给定训练

数据后，其单棵树的结构如叶结点个数、树深度等就基本可以确定了。在 GBDT 的基础上，XGBoost 同样是将上一轮已构建的模型（即由 $k-1$ 棵树组合而成的模型）预测产生的误差作为参考进行下一棵树（即第 k 棵树）的建立。与 GBDT 类似，XGBoost 中第 k 棵树的拟合函数可表示为如下形式：

$$\phi_k(x) = \phi_{k-1}(x) + \sum_{j=1}^{J} w_{kj} I(x \in R_{kj}) \tag{3-8-1}$$

对样本 x_i，模型的预测值为

$$\hat{y}_i^k = \sum_{r=1}^{k} f_r(x) = \hat{y}_i^{k-1} + f_k(x) \tag{3-8-2}$$

XGBoost 算法通过引入正则项，控制模型复杂度，因此最终的目标函数由损失函数和正则项构成，即

$$\text{Obj}_k = \sum_{i=1}^{m} L(y_i, \hat{y}_i^k) + \sum_{r=1}^{k} \Omega(f_r) \tag{3-8-3}$$

其中，$\Omega(f_r)$ 表示第 r 棵树的正则项，是表示树复杂度的函数，值越小则复杂度越低，泛化能力越强。

3.8.2 目标函数

XGBoost 的目标函数在损失函数基础上，还加入了正则项。在计算正则项时，当加入第 k 棵树时，前面 $k-1$ 棵树已经训练完成，此时前面 $k-1$ 棵树的正则项都是已知常数项，在下式中记为 C，即

$$\begin{aligned} \text{Obj}_k &= \sum_{i=1}^{m} L(y_i, \hat{y}_i^k) + \sum_{r=1}^{k} \Omega(f_r) \\ &= \sum_{i=1}^{m} L(y_i, \hat{y}_i^{k-1} + f_k(x_i)) + \Omega(f_k) + C \end{aligned} \tag{3-8-4}$$

第 k 棵树的正则项定义为

$$\Omega(f_k) = \gamma J + \frac{1}{2} \lambda \sum_{j=1}^{J} w_{kj}^2 \tag{3-8-5}$$

其中，γ 和 λ 均为超参数。上式包含了两个部分，一部分是树里面叶结点的个数

J，用来对叶结点的个数做惩罚，从而控制树的复杂度；另一部分是对树上叶结点的权重 w_{mj} 进行 L2 正则化，相当于针对每个叶结点的权值进行 L2 平滑，目的是避免过拟合。

除了正则项的引入以外，XGBoost 相比 GBDT 还进一步考虑了二阶导数。具体区别在于 GBDT 只保留泰勒展开的第一项，而 XBGoost 保留了泰勒展开的前两项。在推导之前，我们先回顾一下泰勒展开式：

$$f(x+\Delta x) \approx f(x) + f'(x)\Delta x + \frac{1}{2}f''(x)\Delta x^2 \tag{3-8-6}$$

将 $f_m(x_i)$ 看作 Δx，用泰勒展开式近似前面的目标函数，可以表示为

$$\mathrm{Obj}_k \approx \sum_{i=1}^{m}\left[L(y_i, \hat{y}_i^{k-1}) + \partial_{\hat{y}_i^{k-1}}L(y_i, \hat{y}_i^{k-1})f_k(x_i) + \frac{1}{2}\partial_{\hat{y}_i^{k-1}}^2 L(y_i, \hat{y}_i^{k-1})f_k^2(x_i)\right] +$$

$$\Omega(f_k) + C \tag{3-8-7}$$

令 $g_i = \partial_{\hat{y}_i^{k-1}}L(y_i, \hat{y}_i^{k-1})$，$h_i = \partial_{\hat{y}_i^{k-1}}^2 L(y_i, \hat{y}_i^{k-1})$。那么，目标函数可以写成

$$\mathrm{Obj}_k \approx \sum_{i=1}^{m}\left[L(y_i, \hat{y}_i^{k-1}) + g_i f_k(x_i) + \frac{1}{2}h_i f_k^2(x_i)\right] + \Omega(f_k) + C \tag{3-8-8}$$

接下来，考虑到第 k 棵回归树是根据前面 $k-1$ 棵回归树的残差得来的，因此前 $k-1$ 棵树的值 $\hat{y}_i^{k-1}$ 是已知的。换句话说，$L(y_i, \hat{y}_i^{k-1})$ 不影响对目标函数的优化，将其和常数项一起去掉，从而得到如下的目标函数形式：

$$\mathrm{Obj}_k \approx \sum_{i=1}^{m}\left[g_i f_k(x_i) + \frac{1}{2}h_i f_k^2(x_i)\right] + \Omega(f_k) \tag{3-8-9}$$

通过扩展正则项 Ω，可以进一步将目标函数改写为

$$\mathrm{Obj}_k = \sum_{i=1}^{m}\left[g_i f_k(x_i) + \frac{1}{2}h_i f_k^2(x_i)\right] + \gamma J + \frac{1}{2}\lambda\sum_{j=1}^{J}w_{kj}^2$$

$$= \sum_{j=1}^{J}\left[\left(\sum_{i\in X_j}g_i\right)w_{kj} + \frac{1}{2}\left(\sum_{i\in X_j}h_i + \lambda\right)w_{kj}^2\right] + \gamma J \tag{3-8-10}$$

其中，最终推导结果的第一项即在叶节点上遍历后求和。J 为第 k 棵树的叶结点个数，X_j 被定义为叶结点 j 所含样本集合 X_j，w_{kj} 为叶结点 j 的权值。通过上述推导，原公式中对全体样本的求和过程可以转化为，对这棵树所有结点下子样本集

的求和。

令 $G_j = \sum_{i \in X_j} g_i$ 即为叶结点 j 所含样本的一阶导数和，$H_j = \sum_{i \in X_j} h_i$ 即为叶结点 j 所含样本的二阶导数和，则目标函数可简化为

$$\text{Obj}_k = \sum_{j=1}^{J} \left[G_j w_{kj} + \frac{1}{2} (H_j + \lambda) w_{kj}^2 \right] + \gamma J \qquad (3\text{-}8\text{-}11)$$

对 w_{kj} 求偏导，并使其导函数等于 0，则有

$$G_j + (H_j + \lambda) w_{kj} = 0 \qquad (3\text{-}8\text{-}12)$$

可以得到第 k 棵树中叶结点 j 的最优值：

$$w_{kj}^* = -\frac{G_j}{H_j + \lambda} \qquad (3\text{-}8\text{-}13)$$

可以根据上式叶结点 j 的最优值 w_{kj}^*，代入 Obj_k 计算公式得到相应的最优目标函数值：

$$\text{Obj}_k^* = -\frac{1}{2} \sum_{j=1}^{J} \frac{G_j^2}{H_j + \lambda} + \gamma J \qquad (3\text{-}8\text{-}14)$$

根据上式可以看出，$\dfrac{G_j^2}{H_j + \lambda}$ 越大，总目标函数值越小。

然而上式所涉及的 G_j、H_j 与叶结点 j 所含样本相关，选择不同特征及在特征上不同分割点进行结点分裂时，得到的树结构往往并不相同，G 和 H 会相应地产生变化，但在建树时枚举所有可能的树结构是不可能的。因此，XGBoost 采用贪婪算法，从当前结点开始迭代地分裂生成新的分支。假设 X_L 和 X_R 是分裂后左右结点的样本集，取 $X_P = X_L \cup X_R$，则给出分裂后的收益 L_{split} 为

$$L_{\text{split}} = \frac{1}{2} \left[\frac{\left(\sum_{i \in X_L} g_i \right)^2}{\sum_{i \in X_L} h_i + \lambda} + \frac{\left(\sum_{i \in X_R} g_i \right)^2}{\sum_{i \in X_R} h_i + \lambda} - \frac{\left(\sum_{i \in X_P} g_i \right)^2}{\sum_{i \in X_P} h_i + \lambda} \right] - \gamma \qquad (3\text{-}8\text{-}15)$$

其中，$\dfrac{\left(\sum_{i \in X_L} g_i \right)^2}{\sum_{i \in X_L} h_i + \lambda}$ 和 $\dfrac{\left(\sum_{i \in X_R} g_i \right)^2}{\sum_{i \in X_R} h_i + \lambda}$ 分别表示左、右子结点的分数，$\dfrac{\left(\sum_{i \in X_P} g_i \right)^2}{\sum_{i \in X_P} h_i + \lambda}$ 为当前

　基于鲲鹏的大数据挖掘算法实战

结点分裂前的分数。实际应用中，这个公式通常用来评估分裂的效果。分裂时可以注意到，影响收益 L_{split} 的只有当前结点的样本，因此，计算分裂后的收益只需要关注待分裂结点的样本。为了限制树生长过深，XGBoost 算法还可以设定收益阈值，节点只有当分裂后的收益大于该收益阈值时才进行分裂。

3.8.3　XGBoost 算法分析

通过上面的原理介绍可以看出，与传统的决策树及 GBDT 等相比，XGBoost 在算法原理上主要做了如下优化：

1）XGBoost 可以支持包括线性学习器在内的多种类型的基学习器。在使用 CART 作为基学习器时，XGBoost 在目标函数中加入了正则项来控制模型的复杂度，这有利于防止过拟合，提高模型的泛化能力。

2）XGBoost 对损失函数进行二阶泰勒展开，使用二阶导数有利于收敛速度和精度的提高。另外，在使用泰勒展开时，XGBoost 并不限制损失函数的具体形式，在结点分裂时的计算可以只依赖输入样本的一阶导数和二阶导数值。换句话说，这一方式本质上把损失函数具体形式的选取和模型优化过程分开了，两者的解耦增加了 XGBoost 的适用性，使它可以支持自定义损失函数，因此 XGBoost 可以广泛应用于分类和回归问题中。

3.9 交替最小二乘法

随着互联网的高速发展，信息资源规模迅猛增长，从而导致信息过载。用户在大量繁杂的信息中获得自己想要的内容愈发困难，亟需提供服务的商家进行过滤筛选，留下用户最需要的信息。作为一种信息服务系统，推荐系统可以通过一定的智能推荐策略给予用户针对性的信息定制，这不仅能为用户提供个性化的服务，还能和用户建立密切关系，让用户产生依赖。推荐系统可以使用多种技术达到推荐目的，协同过滤是其中应用较为广泛的一类，它假设用户过去的喜好会决定将来的选择，即用户会偏好购买过去更喜欢的那一类商品。交替最小二乘法（Alternative Least Square，ALS）可以应用到协同过滤算法中：如果用户对某件商品的历史喜好信息未知，无法将这件商品和其他商品做比较，此时可以使用 ALS 补全历史喜好信息。

推荐系统中主要涉及用户和商品这两个群组，用户和商品在推荐系统中的关系可以抽象为 $\langle user, item, rating \rangle$ 三元组，其中 user 表示用户，item 表示商品，rating 表示用户对商品的喜好程度。根据喜好程度的来源，我们可以将其分为两类：显式反馈和隐式反馈。显式反馈表示用户对商品的直接评分，例如用户对电影的评分值；隐式反馈则是通过从用户行为中收集数据，例如观看某部电影的时长，侧面反映用户对商品的喜好程度。

3.9.1 显式反馈

假设我们已知一个评分矩阵 $R \in \mathbb{R}^{m \times n}$，其中元素 R_{ij} 表示用户 i 对商品 j 的评分，$\langle i, j, R_{ij} \rangle$ 即表示上述三元组。现实场景中，往往存在一些用户对某些商品的评分未知，即矩阵 R 存在一些元素未知。记 R 中已知元素的下标集为 Ω。ALS 算法的目标是将矩阵 R 分解为两个矩阵的乘积，通过两个矩阵相乘补全未知元素，即寻找矩阵 $U \in \mathbb{R}^{k \times m}$ 和 $V \in \mathbb{R}^{k \times n}$，极小化目标函数：

$$J(U,V) = \sum_{(i,j) \in \Omega} (R_{ij} - U_i^T V_j)^2 + \lambda \left(\sum_{i=1}^{m} n_i \| U_i \|_2^2 + \sum_{j=1}^{n} m_j \| V_j \|_2^2 \right) \quad (3\text{-}9\text{-}1)$$

其中 n_i 表示矩阵 R 中第 i 行对应的已知元素个数，m_j 表示矩阵 R 中第 j 列对应的已知元素个数，U_i 和 V_j 分别表示 U 和 V 的第 i 与第 j 列，λ 表示正则化参数。求解这个优化问题得到 U 和 V，两个矩阵的乘积 $U^T V$ 即可用来补全评分矩阵中的未知元素。

目标函数固定 U_i，对 V_j 求导，有

$$\frac{\partial J(U,V)}{\partial V_j} = -2U^j(R_j - (U^j)^T V_j) + 2\lambda m_j V_j \quad (3\text{-}9\text{-}2)$$

其中 $\boldsymbol{R}_j \in \mathbb{R}^{m_j \times 1}$ 表示 $\boldsymbol{R}$ 中第 j 列已知元素形成的向量，$\boldsymbol{U}^j \in \mathbb{R}^{k \times m_j}$ 表示 $\boldsymbol{R}$ 中第 j 列已知元素所在行对应到 $\boldsymbol{U}$ 中相应列形成的子矩阵。令梯度等于 0，则有法方程：

$$(\boldsymbol{U}^j(\boldsymbol{U}^j)^{\mathrm{T}} + \lambda m_j \boldsymbol{I})\boldsymbol{V}_j = \boldsymbol{U}^j \boldsymbol{R}_j, \quad j = 1, \cdots, n \tag{3-9-3}$$

其中 $\boldsymbol{I} \in \mathbb{R}^{k \times k}$ 表示单位矩阵。同样，固定 $\boldsymbol{V}_j$，对 $\boldsymbol{U}_i$ 求导并置 0，有

$$(\boldsymbol{V}^i(\boldsymbol{V}^i)^{\mathrm{T}} + \lambda n_i \boldsymbol{I})\boldsymbol{U}_i = \boldsymbol{V}^i(\overline{\boldsymbol{R}}_i)^{\mathrm{T}}, \quad i = 1, \cdots, m \tag{3-9-4}$$

其中 $\overline{\boldsymbol{R}}_i \in \mathbb{R}^{1 \times n_i}$ 表示 $\boldsymbol{R}$ 中第 i 行已知元素形成的向量，$\boldsymbol{V}^i \in \mathbb{R}^{k \times n_i}$ 表示 $\boldsymbol{R}$ 中第 i 行已知元素所在列对应到 $\boldsymbol{V}$ 中相应列形成的子矩阵。

迭代求解两组法方程式（3-9-3）和式（3-9-4），交替更新 $\boldsymbol{V}$ 和 $\boldsymbol{U}$，达到收敛即可。

3.9.2　隐式反馈

对于隐式反馈的问题，我们按照文献［5］的方法进行处理。假设矩阵 $\boldsymbol{R} \in \mathbb{R}^{m \times n}$ 已知元素均为正，未知元素全设为 0。由于 R 元素不再表示具体的评分，因此我们引入一个布尔型变量表示用户 i 对商品 j 的偏好值，定义如下：

$$P_{ij} = \begin{cases} 1, & R_{ij} > 0 \\ 0, & R_{ij} = 0 \end{cases} \tag{3-9-5}$$

意思是如果一个用户购买或点击过某个商品（$R_{ij} > 0$），即表示用户喜好该商品（$P_{ij} = 1$）；如果用户从未购买或点击过某个商品（$R_{ij} = 0$），即表示用户不喜好该商品（$P_{ij} = 0$）。偏好值仅反应了用户 i 与商品 j 是否存在交互，并不能区分不同的偏好等级，因此进一步引入置信度 C_{ij}，表示对偏好值 P_{ij} 的可信度，设为

$$C_{ij} = 1 + \alpha R_{ij} \tag{3-9-6}$$

其中 α 表示置信度系数，是由用户设置的超参数。

设 $\boldsymbol{U} \in \mathbb{R}^{k \times m}, \boldsymbol{V} \in \mathbb{R}^{k \times n}$，基于上述引入的置信度系数，隐式反馈中目标函数可以改写为

$$J(\boldsymbol{U}, \boldsymbol{V}) = \sum_{i=1}^{m}\sum_{j=1}^{n} C_{ij}(P_{ij} - \boldsymbol{U}_i^{\mathrm{T}}\boldsymbol{V}_j)^2 + \lambda \left(\sum_{i=1}^{m} n_i \|\boldsymbol{U}_i\|_2^2 + \sum_{j=1}^{n} m_j \|\boldsymbol{V}_j\|_2^2 \right)$$

$$\tag{3-9-7}$$

与显式反馈目标函数不同的是，显式反馈目标函数只涉及已知评分，而隐式反馈目标函数则涉及所有评分。使用与显式反馈相同的推导，我们可以得到两组法方程：

$$
\begin{aligned}
(\boldsymbol{U}\boldsymbol{C}^j\boldsymbol{U}^{\mathrm{T}}+\lambda m_j\boldsymbol{I})\,\boldsymbol{V}_j&=\boldsymbol{U}\boldsymbol{C}^j\boldsymbol{P}_j\,,\quad j=1,\cdots,n\\
(\boldsymbol{V}\overline{\boldsymbol{C}}^i\boldsymbol{V}^{\mathrm{T}})+\lambda n_i\boldsymbol{I})\,\boldsymbol{U}_i&=\boldsymbol{V}\overline{\boldsymbol{C}}^i(\overline{\boldsymbol{P}}_i)^{\mathrm{T}}\,,\quad i=1,\cdots,m
\end{aligned}
\tag{3-9-8}
$$

其中 $\boldsymbol{C}^j=\mathrm{diag}\,(\boldsymbol{C}_j)\in\mathbb{R}^{m\times m}$，即矩阵 $\boldsymbol{C}$ 的第 j 列作为对角线形成的对角阵。$\overline{\boldsymbol{C}}^i=\mathrm{diag}(\overline{\boldsymbol{C}}_i)\in\mathbb{R}^{n\times n}$，即矩阵 $\boldsymbol{C}$ 的第 i 行作为对角线形成的矩阵，$\boldsymbol{P}_j$ 表示矩阵 $\boldsymbol{P}$ 的第 j 列，$\overline{\boldsymbol{P}}_i$ 表示矩阵 $\boldsymbol{P}$ 的第 i 行。交替求解两组法方程达到收敛即可。

参考文献

［1］ FAN K. On a theorem of Weyl concerning eigenvalues of linear transformations：II ［J］. Proc. Nat. Acad. Sci. USA，1950，36（1）：31-35.

［2］ ECKART C. YOUNG G. The approximation of one matrix by another of lower rank ［J］. Psychometrika，1936，1：211-218.

［3］ CORTES C，VAPNIK V. Support-vector networks ［J］. Machine learning，1995，20（3）：273-297.

［4］ 李航. 统计学习方法 ［M］. 北京：清华大学出版社，2012.

［5］ HU Y，KOREN Y. VOLINSKY C. Collaborative Filtering for Implicit Feedback Datasets ［C］//Eighth IEEE International Conference on Data Mining. Cambridge：IEEE，2008：263-272.

基于鲲鹏的大数据挖掘算法实战

第 4 章

鲲鹏BoostKit大数据挖掘

本章自底向上介绍鲲鹏应用使能套件 BoostKit，包括鲲鹏处理器特性、鲲鹏 BoostKit 大数据使能套件及机器学习算法库，帮助读者快速了解鲲鹏 BoostKit 为大数据极致性能提供的高性能开源组件、基础加速软件包和应用加速软件包，读者可以此为参考设计企业级的大数据挖掘平台；此外，本章还介绍了面向大数据挖掘的高性能算法库"鲲鹏 BoostKit 机器学习算法加速库"（本书也将围绕此算法库介绍分布式算法的实现细节）。

本书不涉及鲲鹏处理器的详细架构，读者如对此感兴趣，建议阅读《鲲鹏处理器架构与编程》（清华大学出版社出版）；关于鲲鹏 BoostKit 大数据使能套件的详细安装和使用方法，请参考鲲鹏开发者社区相关文档；关于鲲鹏 BoostKit 机器学习算法库的实现细节、算法参数说明和使用示例请阅读第 5 章。

4.1 鲲鹏芯片

华为海思自研的芯片包括鲲鹏系列处理器芯片、昇腾（Ascend）人工智能（Artificial Intelligence，AI）芯片、固态硬盘（Solid State Drive，SSD）控制芯片、智能融合网络芯片及智能管理芯片等，形成了一个支持通用计算、存储、传输、管理和人工智能的强大芯片家族。华为自研芯片已经覆盖移动终端、人工智能以及服务器等领域，全面迈向了智能化。鲲鹏芯片是继麒麟系列芯片和昇腾系列芯片后，华为再次开辟的芯片系列。其中，ARM-based 处理器——鲲鹏 920 由华为公司自主设计完成，通过优化分支预测算法、提升运算单元数量、改进内存子系统架构等一系列微架构设计，大幅提高了处理器性能，是目前业界最高性能的 ARM-based 处理器。

4.1.1 鲲鹏芯片的发展

如图 4-1 所示，华为公司自 2004 年开始基于 ARM 技术自研芯片，直到 2014 年发布了第 1 代鲲鹏处理器——鲲鹏 912。至今，鲲鹏芯片已经经历了 3 代，其中鲲鹏 920 芯片是针对分布式存储以及大数据处理应用而设计的，其大部分性能提升来自优化的分支预测算法、增加的 OP 运算和改进的内存子系统架构。

图 4-1 鲲鹏芯片的发展历程图

4.1.2 鲲鹏 920 处理器

截止到 2020 年，华为提供的鲲鹏架构 CPU 有鲲鹏 916 和鲲鹏 920 两个系列。鲲鹏 920 系列是华为自主设计的高性能服务处理器芯片（具体型号规格如表 4-1 所示）。鲲鹏 920 处理器采用多核架构，包括 2 个 CPU Die，每个 CPU Die 包括最多 32 个自研处理器内核、4 个 DDR4 内存控制器；1 个 I/O Die，提供 PCIe 接口、以太网络接口、存储控制器、片间缓存一致接口和硬件加速引擎等功能。其主频最高达 2.6GHz，SPECint 跑分高达 930 分，性能相比业界主流处理器提升了 25%，可以为数据中心提供强大算力，极大提升了大数据、分布式存储和数据库等场景的并行计算性能。

表 4-1 鲲鹏 920 处理器规格

系列	型号	核数	主频	内存通道	TDP 功耗
鲲鹏 920	3210	24 核	2.6 GHz	4	95 W
鲲鹏 920	5220	32 核	2.6 GHz	4	115 W
鲲鹏 920	5230	32 核	2.6 GHz	8	120 W
鲲鹏 920	5250	48 核	2.6 GHz	8	150 W
鲲鹏 920	7260	64 核	2.6 GHz	8	180 W

鲲鹏 920 处理器内核兼容 ARMv8.2 指令集，支持 ARMv8.2-A 体系结构的所有强制要求的特性，并且实现了 ARMv8.3、ARMv8.4 和 ARMv8.5 的部分特性，例如 ARMv8.3-JSConv、ARMv8.4-MPAM 和 ARMv8.5-SSBS 等。此外，鲲鹏 920 处理器还内置了加速器，包括 SSL 加速引擎、加解密加速引擎、压缩解压缩加速引擎，极大地提升了相关处理的执行效率。单处理器整型计算性能，相比上一代提升了 2.9 倍。

如图 4-2 所示，和传统 CPU 相比，鲲鹏 920 的集成度非常高。除了包含 CPU 芯片，鲲鹏 920 还将 RoCE 网卡、SAS 控制器、桥片等多个芯片的功能合一，支持多种数据加解密、压缩/解压缩机制，有效提升了主板的集成度，使算力密度更高、功耗更低。鲲鹏 920 芯片组件规格如表 4-2 所示。系统内置 16 个 SAS 3.0 控制器，2 个 SATA 3.0 控制器，2 个 RoCE v2 引擎，支持 100GE 标准网络接口控制器（网络带宽提升 4 倍），8 个或 4 个 DDR4 内存通道（内存带宽提升 60%），以及 PCIe 4.0（I/O 带宽提升 66%），具有海量吞吐的特性。除此之外，鲲鹏 920 芯片还是世界上第一款支持 CCIX Cache 一致性接口的处理器（CCIX 是 AMD、ARM、华为、IBM、高通、Mellanox 及 Xilinx 等七家公司组建的 CCIX 联盟制定的接口标准，该接口的目标是实现加速器芯片互连）。

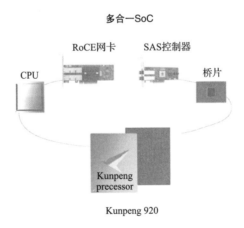

图 4-2　鲲鹏 920 处理器多芯片合一

　　　　　　　　　　　　　　　　　　基于鲲鹏的大数据挖掘算法实战

表 4-2　鲲鹏 920 处理器组件规格表

组件	规格
计算核	兼容 ARMv8.2 架构，华为自研核主频最高达 2.6 GHz
缓存	L1：64KB 指令缓存和数据缓存 L2：512KB 每核独立缓存 L3：24-64MB 共享缓存（1MB 每核）
内存	8 个或 4 个 DDR4 内存通道/处理器，最高达 3200 MHz
互联	华为 HCCS 互联协议，支持最高 4 路互联
I/O	40 PCIe Gen 4.0 lanes 2×100GE，RoCEv2/RoCEv1，CCIX 4 个 USB 3.0 控制器，16 个 SAS 3.0 控制器，2 个 SATA 3.0 控制器

此外，华为 Cache 一致性总线（HCCS）为内核、设备、集群提供系统内存的一致访问。片间带宽最高可达 480 Gbps，支持最多 4 个鲲鹏 920 处理器互连（如图 4-3 所示）和最高 256 个物理核的 NUMA 架构，真正实现了 CPU 和 CPU 之间的高速互连。异构计算的兴起，使得 CPU 与 NPU 之间的互联协议也很关键。华为创新性地将 HCCS 同样应用于 CPU 与 NPU 的高速互联，构建了 xPU 间的统一 Cache 一致性架构，xPU 之间可以进行直接内存访问，实现高速数据交互。同时基于此

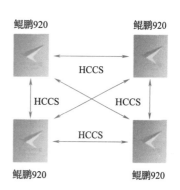

图 4-3　4 个鲲鹏 920 处理器互连

架构，通用算力和 AI 算力可实现灵活组合，打造最强算力的异构计算服务器。

鲲鹏 920 处理器片上系统集高能效、高吞吐率、高集成度和高性能于一身，把通用处理器计算推向了新高度。鲲鹏社区链接如下：https://www.hikunpeng.com/compute/kunpeng920。

4.1.3　鲲鹏 920 处理器的特点

1. 低功耗

鲲鹏芯片采用 ARM 架构，具有 ARM 结构低功耗的特点，特别是最新的芯片鲲鹏 920，采用 7nm 工艺，进一步降低了功耗。鲲鹏 920 处理器片上系统的能效比

超过主流处理器 30%。64 核鲲鹏 920-7260 处理器与友商主流处理器性能功耗对比如图 4-4 所示。

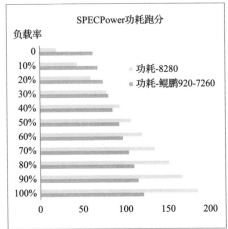

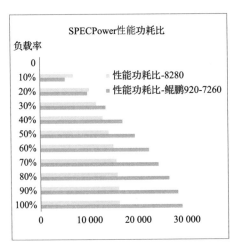

图 4-4　性能功耗比鲲鹏处理器总体领先（低负载状态下性能功耗比有劣势）

2. 并发性能好

鲲鹏芯片集成度高，实现同样功能及性能占用的芯片面积小，一块芯片上可以集成更多的核心。单颗芯片实现了传统上需要 4 颗芯片才能实现的功能，并释放出更多槽位用于扩展更多功能，从而显著提升了并发性能。最新的鲲鹏 920 支持最

基于鲲鹏的大数据挖掘算法实战

多64个核心。

3. 执行速度快

鲲鹏芯片大量使用寄存器，大多数数据操作都在寄存器中完成，指令执行速度更快。

4. 执行效率高

鲲鹏芯片采用 RISC 指令集，指令长度固定，寻址方式灵活简单，执行效率高。

如图 4-5 所示，根据华为实验室中 TaiShan 服务器配合 FI/HDP 大数据软件的测试结果，在平台典型配置如表 4-3 所示时，测试数据或功能实现的结果相比业界主流处理器性能都有明显提升。

表 4-3　测试平台配置信息

服务器	内存	系统盘	数据盘	网络
TaiShan vs x86	12×32 GB	2×600 GB BSAS	12×6 TB SATA	2×10 GE，2×GE

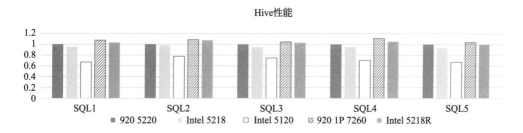

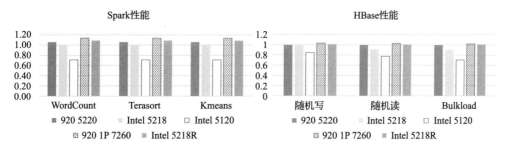

图 4-5　鲲鹏处理器与其他主流处理器性能测试结果对比

4.2 鲲鹏 BoostKit 使能大数据场景

华为鲲鹏产品不仅仅局限于鲲鹏系列服务器芯片，还包含了兼容的服务器软件，以及建立在新计算架构上的完整的软硬件生态和大数据服务生态。

4.2.1 鲲鹏应用使能套件 BoostKit

鲲鹏应用使能套件 BoostKit（以下简称"鲲鹏 BoostKit"），基于硬件、基础软件和应用软件的全栈优化，向用户提供高性能开源组件、基础加速软件包和应用加速软件包，使能应用极致性能的构成如图 4-6 所示。

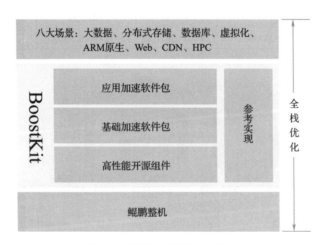

图 4-6　鲲鹏应用使能套件构成

　　鲲鹏 BoostKit 面向大数据、分布式存储和数据库等 8 大主流应用场景，提供加速数据处理、优化存储访问和提升算力部署密度的场景化使能套件：

　　1）大数据使能套件。聚焦大数据查询效率低、性能优化难等挑战，鲲鹏 BoostKit 提供大数据组件的开源使能和调优、I/O 智能预取等基础加速软件包、Spark 算法加速库等应用加速软件包，以及开源 openLooKeng 查询引擎，提升大数据分析效率。

2）分布式存储使能套件。聚焦开源 Ceph 存储的性能低、成本高等关键挑战，鲲鹏 BoostKit 通过全局缓存、智能写 Cache、开源 Ceph 系统参数优化、KAE MD5 摘要算法、I/O 直通、I/O 智能预取等特性提升系统性能，并通过 BoostKit 压缩算法、KAE zlib 压缩、EC Turbo 等特性降低存储成本，充分发挥鲲鹏算力优势，提供高性价比存储方案。

3）数据库使能套件。针对开源 MySQL OLAP 查询效率低、OLTP 场景锁性能问题等挑战，鲲鹏 BoostKit 提供 MySQL AP 性能加速和 TP 锁性能优化等基础加速软件包，深度优化了 OLAP 查询分析效率和 OLTP 在线交易事务处理能力，充分发挥多核算力。

4）虚拟化使能套件。聚焦虚拟化性能低、网络损耗大、资源碎片严重等痛点，鲲鹏 BoostKit 提供虚拟化开源使能调优指南，通过 V-Turbo 和 OVS 加速等特性提升系统性能，使用 NUMA 内存交织等特性减少资源碎片，充分发挥鲲鹏多核优势。

5）ARM 原生使能套件。鲲鹏 BoostKit 支持移动应用无损上云，并推出了云手机 Turbo 套件。用户可以基于云手机 Turbo 套件进行二次开发，降低开发难度，提升整机的密度，降低云手机单路成本等。

6）Web 使能套件。聚焦 Web 应用 HTTPS 连接性能和 Web 开源组件可用性等问题，鲲鹏 BoostKit 提供开源 Web 组件使能调优指南，通过使能鲲鹏 RSA 加速引擎，帮助客户提升 Web 网站的安全性，并实现用户 HTTPS 访问的极致体验。

7）CDN 使能套件。聚焦 CDN 节点吞吐低和开源组件可用性等问题，鲲鹏 BoostKit 提供 CDN 主流开源软件使能调优指南，并通过使能鲲鹏 RSA 加速引擎，提供 NUMA 优化等手段，充分发挥鲲鹏多核架构优势，实现更大吞吐、更低时延。

8）HPC 使能套件。基于业界首款兼容 ARM 的 4 路服务器，鲲鹏 BoostKit 的算力更强，内容更大，可以满足基因测序、气象分析等场景的 HPC 算力要求。

鲲鹏 BoostKit 提供三大类加速软件包：

1）高性能开源组件。鲲鹏 BoostKit 提供海量的高性能开源组件，使能主流开源软件支持鲲鹏高性能。

2）基础加速软件包。鲲鹏 BoostKit 提供覆盖 4 个子系统的性能优化方法、7 类加速库（系统库、压缩、加解密、媒体、数学库、存储、网络）和 3 大优化方向的加速算法。

3）应用加速软件包。鲲鹏 BoostKit 提供性能倍增的应用加速软件包，使能数据处理极致性能、数据访问极致高效和云手机极致体验。

BoostKit 1.0，面向大数据、分布式存储等 8 大场景，释放鲲鹏算力，将全栈性能发挥到极致。为了进一步解决传统计算负载中的 CPU 实际利用率不高，大量算力浪费在等待数据加载上的问题，华为于 2021 年 9 月 25 日正式发布了 BoostKit 2.0。如图 4-7 所示，BoostKit 2.0 提供 4 类"数据亲和"加速组件，包括数据就近计算、数据加速传输、数据并行化处理、数据安全，对数据全处理流程进行负载优化，大幅提升应用性能。

图 4-7　BoostKit 性能调优

体验 BoostKit 的极致性能，可访问：

https：//www.hikunpeng.com/developer/boostkit/scene。

更多的在线教学课程，可访问：

https：//www.hikunpeng.com/learn/courses。

"在线实验"一键创建实验环境，开发者可以通过实验手册指导，快速体验线上云服务，在云端实现云服务的实践、调测和验证，可访问：

https：//www.hikunpeng.com/learn/experiments。

　　　　　　　　　　　　　　　　　　基于鲲鹏的大数据挖掘算法实战

4.2.2　鲲鹏 BoostKit 大数据使能套件

从大数据的发展趋势可以看出，大数据对于计算能力的要求越来越高，需要有更适配大数据技术特征的计算硬件来提供更高的计算能力。华为推出的基于鲲鹏处理器、鲲鹏主板及开发套件的通用计算平台——鲲鹏 BoostKit 大数据使能套件（简称鲲鹏 BoostKit 大数据），集成了 ARM+Linux 技术与生态，为鲲鹏应用开发提供了丰富的软件资源、应用迁移实践环境及开发套件，适配各行业多样性计算、绿色计算需求，致力于打造最强算力服务平台。

如图 4-8 所示，鲲鹏 BoostKit 大数据总体架构主要由硬件平台、操作系统、中间件、大数据平台构成，致力于建设开源软件生态，支持多个主流的大数据平台。除此之外，鲲鹏 BoostKit 大数据还支持 TaiShan 服务器与业界其他架构服务器混合部署，保护客户已有投资，不捆绑客户的服务器架构选择。其价值主要有三个方面：

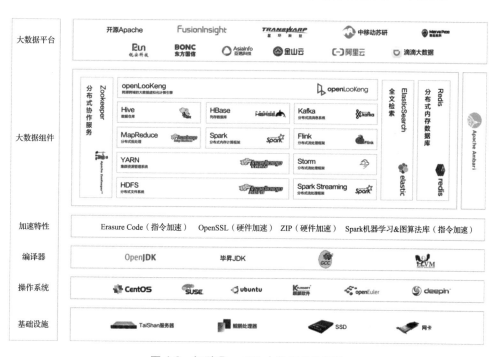

图 4-8　鲲鹏 BoostKit 大数据总体架构

- 高性能。鲲鹏 BoostKit 大数据可以提升计算并行度,充分发挥华为鲲鹏处理器的多核能力。

- 安全可靠。鲲鹏 BoostKit 大数据可以支持处理器内置加密硬件,更安全可靠。

- 开放生态。鲲鹏 BoostKit 大数据不但拥有成熟的大数据生态,而且在不断打造开源软件生态。除了全面支持开源 Apache 大数据各场景组件,鲲鹏作为通用的 ARMv8 处理器,和 ARM 共享优势生态,已经构筑了相对完整的鲲鹏软件生态。

鲲鹏 BoostKit 大数据聚焦数据查询效率低、组件性能优化难等关键挑战,为客户提供大数据主流组件的开源使能和性能调优、I/O 智能预取和国密加解密等基础加速软件包、机器学习和图分析算法等应用加速软件包,开源 openLooKeng 跨源跨域查询引擎,提升大数据分析效率,充分发挥算力极致性能。

鲲鹏 BoostKit 大数据针对大数据组件优化数据处理流程,提升计算并行度,充分发挥了鲲鹏系列处理器的并发能力,给客户提供更高的大数据业务性能。其主要的开源组件如图 4-9 所示。

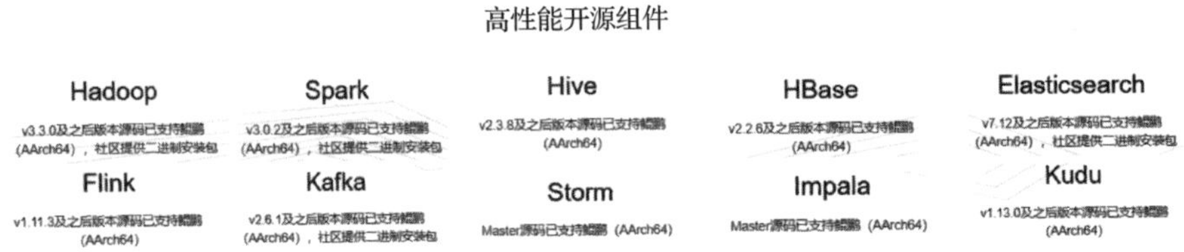

高性能开源组件

Hadoop	Spark	Hive	HBase	Elasticsearch
v3.3.0及之后版本源码已支持鲲鹏 (AArch64),社区提供二进制安装包	v3.0.2及之后版本源码已支持鲲鹏 (AArch64),社区提供二进制安装包	v2.3.8及之后版本源码已支持鲲鹏 (AArch64)	v2.2.6及之后版本源码已支持鲲鹏 (AArch64)	v7.12及之后版本源码已支持鲲鹏 (AArch64),社区提供二进制安装包
Flink	Kafka	Storm	Impala	Kudu
v1.11.3及之后版本源码已支持鲲鹏 (AArch64)	v2.6.1及之后版本源码已支持鲲鹏 (AArch64),社区提供二进制安装包	Master源码已支持鲲鹏 (AArch64)	Master源码已支持鲲鹏 (AArch64)	v1.13.0及之后版本源码已支持鲲鹏 (AArch64)

图 4-9 鲲鹏 BoostKit 大数据的开源组件

鲲鹏 BoostKit 大数据提供多个基础加速软件包,主要如下:

- I/O 智能预取——数据检索场景下,频繁小数据 I/O 访问 HDFS 下的大文件,易导致系统 I/O 出现瓶颈,严重影响了 Hbase、Spark 性能。I/O 智能预取技术,基于智能预取算法引擎,可以实现对用户 I/O 请求信息的分析及预测,通过优化数据预取策略,提升数据命中率,消除 HDFS 存储访问瓶颈,从而实现存储 I/O 性能提升,这使得 Spark、HBase 在存储 I/O 密集型场景下的应用性能可提升 10%~20%。

- 大数据国密加速——Hadoop-3.1.1 版本增加了 SM4 加密支持的同时，SM4 加密功能也合入了 Hadoop 主干。处理器内置专用加解密引擎，安全性高，且不占用计算资源。

- Hadoop EC 指令加速——HDFS（Hadoop Distributed File System，分布式文件系统）为了保证数据的可靠性，默认数据存储策略是 3 副本，即在写入数据的时候，会占用该数据大小 3 倍的空间，这样就造成了大量的空间浪费。对此，HDFS 引入了在 RAID 磁盘阵列中已应用成熟的技术：EC（Erasure Coding，纠删码）。采用 EC 指令加速编解码的性能相比原 C 语言软件提升了 35~53 倍。

- HBase 读取锁优化——HBase 中的 RPC 通信机制使用基于 CAS 算法实现线程安全的非阻塞队列 ConcurrentLinkedQueue 替代原有的 BoundedArrayQueue，提高了 HBase 在读场景下的性能（HBase 读性能提升 15%），进而提高了鲲鹏 920 处理器的产品竞争力。

- Hadoop NUMA 感知——NUMA（Non-Uniform Memory Access，非一致性内存访问）技术将多个物理核组成一个 NUMA node，节点内部使用共有的内存控制器，节点之间通过互联模块进行连接和信息交互。节点内的 CPU 访问本节点内的内存速度最快，访问非本地内存速度较慢。大数据组件 Hadoop 采用 MapReduce 计算框架，在分配 Container 的内存和 CPU 时，系统调度操作会引起跨 NUMA Node 的访问情况，影响性能。在低版本的大数据组件 Hadoop 上实现 NUMA Aware 特性，可以提升 MapReduce 计算框架的性能。

除了基础加速软件包，鲲鹏 BoostKit 大数据还提供应用加速软件包，包括机器学习算法加速库、图分析算法加速库、OmniData 算子下推三部分。其中机器学习和图分析算法加速库，都是在兼容 Spark 原生 API 的基础上经过性能优化与功能扩展的算法库。Apache Spark 是用于大规模数据处理的统一分析引擎，具有可伸缩、基于内存计算等特点，已经成为轻量级大数据快速处理的统一平台。应用加速软件包 1.3.0 版本的机器学习和图分析算法加速库包含的算法如表 4-4 所示，后续还会陆续发布更多新算法。

表4-4　鲲鹏 BoostKit 机器学习和图分析算法加速库 1.3.0 版本算法列表

图算法		机器学习算法	
路径分析	最短路径	分类回归	Gradient Boosted Trees
	广度遍历		Random Forest
	有向环路检测		SVM
骨干分析	PageRank		Logistic Regression
	Closeness		Linear Regression
	度中心性		决策树
	TrustRank		KNN
	PersonPageRank		XGBoost
	KCore	聚类	Kmeans
	Betweenness		DBSCAN
群体分析/社区发现	团渗透社区发现		LDA
	极大团	推荐	ALS
	标签传播	特征工程	PCA
	连通分量		SVD
	Louvain		协方差
	强连通分量		Pearson 相关系数
拓扑度量类	三角形计数		Spearman
	Modularity	模式挖掘	PrefixSpan
	聚集系数		
相似分析	子图匹配		
图表示学习	Node2Vector		

机器学习和图分析算法加速库，保持与原生 Spark MLlib & GraphX 算法库完全一致的类接口定义，客户不需要对上层应用做任何修改。它通过优化 Spark 算法的多核亲和性以及算法原理，在结果精度不降低的情况下，实现了计算速度的大幅提升。基于网络公开的多维度、多规模数据集，鲲鹏 920-5250 处理器运行机器学习和图分析算法加速库中的算法，相比友商运行 Spark 原生算法，计算性能提升至 1.5~10 倍以上。以其中的图分析算法加速库为例，Louvain 算法和 Closeness 算法

的性能提升结果别如图 4-10 和图 4-11 所示。

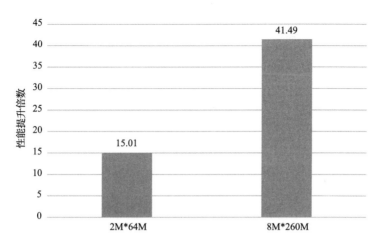

图 4-10　图分析算法加速库 Louvain 算法在两个数据集上的性能提升倍数

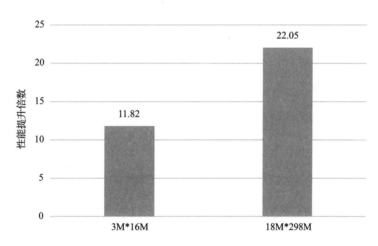

图 4-11　图分析算法加速库 Closeness 算法在两个数据集上的性能提升倍数

4.3　鲲鹏 BoostKit 大数据机器学习算法库

为了充分发挥鲲鹏 CPU 硬件设计的优良性能及鲲鹏指令集本身的优势，华为推出了一系列基于硬件加速和软件指令加速的鲲鹏加速库。其中鲲鹏 BoostKit 大数据机器学习算法加速库（简称机器学习算法加速库/机器学习算法库）是经过优化的算法库，支持鲲鹏处理器的架构，在兼容 Spark 原生 API 的基础上（KNN 等属于自研算法，没有 Spark 原生 API），对机器学习算法进行了性能优化，大幅提升了大数据算法场景的计算性能。

4.3.1 算法介绍

鲲鹏机器学习算法加速库与 Spark MLlib 相比，提供了更丰富的算法，包括分类回归、聚类、推荐、特征工程、模式挖掘 5 种类型的算法（另有两种类型待发布：异常检测、模型调优）。表 4-5 ~ 表 4-11 按算法类型列出了机器学习加速库 1.3.0 版本已发布和待发布的 7 种类型算法以及算法的简单说明。本书第 3 章和第 5 章详细介绍了部分经典算法的原理和分布式实现，第 6 章介绍算法的应用场景和选型参考。

表 4-5　分类回归算法

算法名称	算法简介	BoostKit	MLlib 3.1.1
GBDT（Gradient Boosting Decision Tree，梯度提升决策树）	GBDT 是一种十分流行的决策树集成算法，不仅可以适用于分类任务，还可用于回归任务。GBDT 通过迭代地训练多棵树来达到最小化损失函数的目的。Spark 中的 GBDT 算法支持二分类和回归，支持连续型特征和类别型特征，可通过分布式计算来处理大数据场景下的训练和推理	√	√
RF（Random Forest，随机森林）	RF 是一种以决策树为基学习器的集成学习算法，利用 Bootstrap 重抽样方法从原始样本中抽取多个样本进行决策树建模，然后将这些决策树组合在一起，通过对所有决策树结果的平均或投票得出最终预测的回归或分类结果	√	√
SVM（Support Vector Machines，支持向量机）	SVM 是一类按监督学习方式对数据进行二元分类的广义线性分类器，其决策边界是对学习样本求解的最大距距超平面。SVM 使用铰链损失函数计算经验风险并在求解系统中加入了正则化项以优化结构风险，是一个具有稀疏性和稳健性的分类器	√	√

算法名称	算法简介	BoostKit	MLlib 3.1.1
Logistic Regression（逻辑回归）	逻辑回归算法，虽然被称为回归，但其实际上是一种有监督学习的分类算法。逻辑回归通过引入 Logistic 函数，利用线性模型来建立特征变量 X 和离散的标签变量 Y 之间的映射关系，其未知的模型参数是从训练样本中估计的	√	√
Linear Regression（线性回归）	线性回归算法，是一种利用线性模型来建立特征变量 X 和连续的标签变量 Y 之间映射关系的有监督学习算法，其未知的模型参数是从训练样本中估计的	√	√
Decision Tree（决策树）	决策树算法是一种经典的机器学习方法，通过对样本数据的归纳总结，生成可读的规则和决策树，支持分类和回归。决策树是一种树形结构，其中每个内部结点表示一个特征上的测试，每个分支代表一个测试输出，每个叶结点代表一个预测结果	√	√
KNN（K-Nearest Neighbors，K 近邻）	KNN 用于找到距离某个样本最近的 k 个样本，可以应用于检索、分类、回归等场景	√	×
XGBoost（eXtreme Gradient Boosting）	XGBoost 是一个深度优化的分布式梯度提升算法库，拥有高效、灵活和可移植的特性。该库在梯度提升的框架下实现了机器学习算法，提供了一个并行树提升算法，可以快速而准确地解决许多数据科学问题	√	×
LightGBM（Light Gradient Boosting Machine）	LightGBM 是由微软亚洲研究院开源的基于决策树算法的分布式 GBDT 框架，可支持高效率的并行训练，并且具有更快的训练速度、更低的内存消耗、更好的准确率、可以快速处理海量数据等优点	√（待发布）	×

表 4-6　聚类算法

算法名称	算法简介	BoostKit	MLlib 3.1.1
Kmeans（K-means Clustering，K-均值）	K 均值聚类是把给定数据集分为 k 个簇的算法。簇个数 k 是用户给定的；每一个簇通过其质心，即簇中所有点的中心来描述。算法的最后，每个点会被划分到距其最近的质心所属的簇	√	√
DBSCAN（Density-Based Spatial Clustering of Applications with Noise）	DBSCAN 是一种基于密度的空间聚类算法，该算法要求聚类空间中一定区域内所包含对象的数目不小于某一给定阈值，该算法能够有效处理噪声点，并发现任意形状的空间聚类	√	×

（续）

算法名称	算法简介	BoostKit	MLlib 3.1.1
LDA（Latent Dirichlet Allocation，潜在狄利克雷分布）	LDA 是一种文档主题生成模型，也被称为三层贝叶斯概率模型，包含文档、主题和词三层。LDA 是一种无监督机器学习技术，通过分布式计算来处理大数据场景下的训练和推理	√	√
HDBSCAN（Hierarchical Density-based spatial clustering of applications with noise）	HDBSCAN 是基于密度的层次聚类方法，它以最小生成树链接所有样本，生成聚类的层次结构，通过评估各个层次的聚类稳定性来输出最终聚类结果。与 DBSCAN 相比，它最大的优势在于能够处理密度不同的聚类问题	√（待发布）	×

表 4-7　推荐算法

算法名称	算法简介	BoostKit	MLlib 3.1.1
ALS（Alternating Least Squares，交替最小二乘法）	ALS 是一个使用交替最小二乘法分解矩阵的推荐算法，通过已有的用户对产品的评分，来推断每个用户对所有产品的喜好，然后向用户推荐合适的产品。算法的核心是将一个很大的带有未知数（即某用户对某产品没有评分）的矩阵，分解成两个没有未知数的小矩阵，从而通过两个小矩阵的乘积，来预测大矩阵中的未知数	√	√
SimRank	SimRank 是一种相似性度量，适用于任何具有对象到对象关系的领域，基于对象与其他对象的关系度量对象之间的相似性。SimRank 相似度通过迭代求解 SimRank 等式得到	√（待发布）	×
NMF（Nonnegative Matrix Factorization，非负矩阵分解）	NMF 是一种矩阵分解算法，要求原矩阵和分解之后的矩阵元素均非负。由于模型保证了数据的非负性，因此 NMF 具有良好的可解释性	√（待发布）	√
FM（Factorization Machine，因子分解机）	FM 是一种广泛使用的分类、回归、推荐算法。相比于线性模型只独立考虑各个特征，FM 进一步考虑了特征和特征之间的相互关系。通过矩阵分解，FM 可以在非常稀疏的训练数据集中进行合理的模型参数估计，并且尽管其模型是非线性的，但其复杂度是线性的	√（待发布）	√

表 4-8　特征工程算法

算法名称	算法简介	BoostKit	MLlib 3.1.1
PCA（Principal Component Analysis，主成分分析）	PCA 算法是一种数据降维方法，它将数据从 n 维降低到 k 维（$k<n$），同时尽可能多地保留原始信息。具体来讲，PCA 算法从原始 n 维空间中找到 k 个信息量最大的正交方向，将原始数据映射到这 k 个方向上，以达到降维的效果，这 k 个正交方向被称为主成分	√	√

算法名称	算法简介	BoostKit	MLlib 3.1.1
SVD（Singular Value Decomposition，奇异值分解）	SVD 是线性代数中一种重要的矩阵分解方法，它可以提取矩阵的主要信息，用于数据压缩、降维等场景。SVD 指将矩阵 A 分解为 $A = USV^{\mathrm{T}}$，其中 U 是左奇异矩阵，V 是右奇异矩阵，S 是奇异值矩阵且是对角矩阵，对角线上的元素称为奇异值，奇异值从大到小排列。U 和 V 都是酉矩阵	√	√
Covariance（协方差）	协方差用于衡量两个连续变量之间的线性关系，如果变量之间正相关，则协方差为正值；如果是负相关，则协方差为负值；如果是非线性相关，则协方差为 0。对于多个变量，计算两两之间的协方差可以得到协方差矩阵。通过观察协方差矩阵，可以很容易地发现变量间的相关性	√	√
Pearson（皮尔逊相关系数）	与协方差类似，Pearson 相关系数也适用于评估两个连续变量之间的线性关系，等于两个变量的协方差除以各自标准差的乘积，即系数的值被归一化到 $[-1, +1]$，可以定量地衡量变量之间的相关程度	√	√
Spearman（斯皮尔曼等级相关系数）	Spearman 相关系数用于评估两个连续或顺序变量之间的单调关系，它是将数据转换为秩值（而非原始数据）后的 Pearson 相关系数	√	√
TargetEncoder（目标编码）	目标编码是一种面向类别型特征的有监督特征工程方法，它将类别特征编码为其标签的均值，并通过 Out-Of-Fold 编码和加权平滑等手段提升其泛化能力，可应用于二分类、多分类、回归等任务。因复杂度低、精度高、具备可解释性等特点，目标编码已经成为实战中常用的特征工程方法	√（待发布）	×
SMOTE（Synthetic Minority Oversampling Technique）	SMOTE 是一种过采样算法。通过随机选出一个邻居点与当前点组合生成一个新的数据点，SMOTE 可以增加少数类样本的数量，从而解决数据分布不均衡的问题	√（待发布）	×
Word2Vec	Word2Vec 算法将词转换为稠密向量（Distributed Representation），这样词之间的关系就可以用向量之间的距离来衡量。除文本外，Word2Vec 也可以对类别变量进行编码。相较于 One Hot 等特征编码方式，Word2Vec 可以提取固定长度的稠密特征，丰富上下文信息，这在很多场景中有利于提升下游算法的精度和性能	√（待发布）	√

表 4-9　模式挖掘算法

算法名称	算法简介	BoostKit	MLlib 3.1.1
PrefixSpan（Prefix-projected Sequential pattern mining，前缀投影的模式挖掘）	PrefixSpan 是频繁模式挖掘中的典型算法，用于挖掘满足最小支持度的频繁序列。PrefixSpan 算法由于不用产生候选序列，且投影数据库缩小得很快，因此，内存消耗比较稳定，做频繁序列模式挖掘的时候效率很高	√	√
FP-Growth（Frequent Pattern-Growth）	FP-Growth 是一种经典的频繁项集和关联规则的挖掘算法。FP-Growth 只需要扫描两次数据记录，而且该算法不需要生成候选集合，仅将提供频繁项集的数据库压缩到一棵频繁模式树（FP-tree）中，便可高效地发现频繁项集或频繁项对	√（待发布）	√

表 4-10　异常检测算法

算法名称	算法简介	BoostKit	MLlib 3.1.1
IsolationForest（孤立森林）	孤立森林算法一般用于结构化数据的异常检测，是基于集成学习的异常检测方法。它的核心思想是，异常样本相较普通样本可以通过较少次数的随机特征分割被孤立出来，所以异常样本更加靠近树的根部	√（待发布）	×

表 4-11　模型调优算法

算法名称	算法简介	BoostKit	MLlib 3.1.1
Bayesian Optimization（贝叶斯优化）	贝叶斯优化算法是一种黑盒优化算法，适用于超参数的调优。它利用代理模型拟合历史采样点处的函数值来预测任意点处的概率分布，从而选出最有价值的点作为下一个采样点。相比网格搜索，贝叶斯优化算法能够极大节省超参数调优的时间	√（待发布）	×

　　基于网络公开的多维度、多规模数据集，鲲鹏 920-5250 处理器运行机器学习算法加速库，相比友商运行 Spark 原生算法，计算性能提升至 1.5~10 倍以上。以其中的 PCA 算法和 Kmeans 算法为例，性能提升结果分别如图 4-12 和图 4-13 所示。

　　　　　　　　　　　　　　　　　　　　　　基于鲲鹏的大数据挖掘算法实战

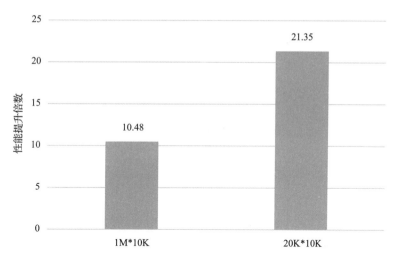

图 4-12　机器学习算法加速库 PCA 算法在两个数据集上的性能提升倍数

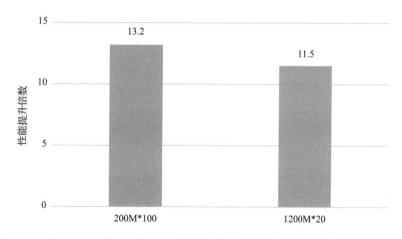

图 4-13　机器学习算法加速库 Kmeans 算法在两个数据集上的性能提升倍数

4.3.2　机器学习算法库的使用方法

如图 4-14 所示，机器学习算法加速库提供了与原生 MLlib 相同的接口，算法库由 BoostKit-ML-Kernel 核心算法实现包，以及对接原生 Spark 接口的机器学习的 ML-API-Patch 代码组成。

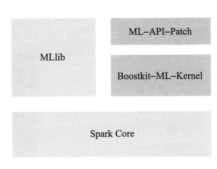

图 4-14　鲲鹏机器学习加速库构成

其中 ML-API-Patch 对应由机器学习算法加速库开源 patch 部分编译的 4 个 JAR 格式软件包，Boostkit-ML-Kernel 包含 2 个 JAR 格式软件包和 1 个二进制软件包，机器学习算法加速库 1.3.0 版本的软件包清单如表 4-12 所示。如需获取全部软件包，读者可访问 BoostKit 帮助页面：

https://support. huaweicloud. com/fg-kunpengbds/kunpengbdsspark_06_0005. html。

表 4-12　机器学习算法加速库 1.3.0 版本的软件包清单

构成	软件包名
ML-API-Patch	boostkit-ml-core_2. 11-1. 3. 0-spark2. 3. 2. jar
	boostkit-ml-acc_2. 11-1. 3. 0-spark2. 3. 2. jar
	boostkit-xgboost4j_2. 11-1. 3. 0. jar
	boostkit-xgboost4j-spark2. 3. 2_2. 11-1. 3. 0. jar
Boostkit-ML-Kernel	boostkit-ml-kernel_2. 11-1. 3. 0-spark2. 3. 2-aarch64. jar
	boostkit-xgboost4j-kernel_2. 11-1. 3. 0-spark2. 3. 2-aarch64. jar
	libboostkit_xgboost_kernel. so

机器学习算法加速库沿用了 MLlib API 接口，因此即使已经基于 MLlib 开发完成的应用，同样可以轻松切换到加速库上运行。对于已有的应用，用户不需要任何代码修改，仅利用集群运行时动态加载，即可获得性能加速。

以随机森林算法为例，用户不需要重新编译基于 MLlib 开发的业务软件包 ml-test. jar，只需将机器学习软件包拷贝至 lib 目录下，并在提交 Spark 任务时添加几行参数（bash 提交命令见代码 4-3-1），即可体验 BoostKit 的加速效果。

```bash
1.  #! /bin/bash
2.
3.  spark-submit \
4.  --class com.bigdata.ml.RFMain \
5.  --master yarn \
6.  --deploy-mode cluster \
7.  --driver-cores 36 \
8.  --driver-memory 50g \
9.  --jars "lib/fastutil-8.3.1.jar,lib/boostkit-ml-acc_2.11-1.3.0-
    spark2.3.2.jar,lib/boostkit-ml-core_2.11-1.3.0-spark2.3.2.jar,
    lib/boostkit-ml-kernel_2.11-1.3.0-spark2.3.2-aarch64.jar,lib/
    boostkit-xgboost4j-kernel_2.11-1.3.0-spark2.3.2-aarch64.jar"\
10. --driver-class-path "ml-test.jar:fastutil-8.3.1.jar:snakeyaml-
    1.17.jar:boostkit-ml-acc_2.11-1.3.0-spark2.3.2.jar:boostkit-
    ml-core_2.11-1.3.0-spark2.3.2.jar:boostkit-ml-kernel_2.11-1.3.
    0-spark2.3.2-aarch64.jar" \
11. --conf "spark.yarn.cluster.driver.extraClassPath=ml-test.jar:
    snakeyaml-1.17.jar:boostkit-ml-kernel_2.11-1.3.0-spark2.3.2-
    aarch64.jar:boostkit-ml-acc_2.11-1.3.0-spark2.3.2.jar:boost-
    kit-ml-core_2.11-1.3.0-spark2.3.2.jar" \
12. --conf "spark.executor.extraClassPath=fastutil-8.3.1.jar:boost-
    kit-ml-acc_2.11-1.3.0-spark2.3.2.jar:boostkit-ml-core_2.11-1.
    3.0-spark2.3.2.jar:boostkit-ml-kernel_2.11-1.3.0-spark2.3.2-
    aarch64.jar" \
13. ./ml-test.jar
```

访问 BoostKit 大数据使能套件的机器学习算法加速库特性指南（网址为 https://support. huaweicloud. com/fg-kunpengbds/kunpengbdsspark_06_0014. html），即可获取完整的加速库使用教程。

5

数据挖掘算法在鲲鹏的优化实践

本章深入介绍鲲鹏 BoostKit 机器学习算法加速库的具体实现，首先介绍算法的分布式实现流程和具体步骤，为读者进行算法开发提供求解思路和工程实现参考；然后介绍鲲鹏 BoostKit 算法库的关键参数和使用示例，读者可参照样例快速开发数据挖掘算法流；此外，本章还结合算法实现介绍了针对鲲鹏芯片的优化方法，为正在使用鲲鹏集群的开发者提供调优和开发参考。

本章要求读者了解算法的基本原理，如不熟悉建议回顾第 3 章。不关注实现细节、想要快速调用算法的读者，可直接阅读"鲲鹏 BoostKit 算法 API 介绍"小节。本章只深入介绍鲲鹏 BoostKit 算法库的部分算法，全部算法的调用方式请参考鲲鹏开发者社区。

5.1 主成分分析

本书在第 3 章 3.1 节介绍了 PCA 算法的概念、数学推导，并给出了两种求解方法（如图 3-2，图 3-3），其中涉及较复杂的矩阵计算，同时由于 PCA 算法的输入通常是高维数据，因此其计算复杂度和所需计算资源都比较高。在大数据场景中，实现高性能分布式 PCA 算法是非常必要的，否则无法支撑海量数据的降维过程。

Covariance 方法和 SVD 方法在数学原理上是等价的（见 3.1.2 节），但各自有不同的适用场景，对于一个 m 行 n 列的矩阵：

（1）当 n 很大时，Covariance 方法的协方差计算的复杂度、内存开销都很高，尤其在超高维的情况下（如百万、千万），协方差矩阵甚至都无法存放于集群内存中，而 SVD 方法由于可以避免申请大规模的内存，因此更适合超高维场景。

（2）当 n 较小且 $m \gg n$ 时，Covariance 方法需要对 $n \times n$ 的协方差矩阵做特征分解，而 SVD 方法则需要对 $m \times n$ 的中心化矩阵做奇异值分解，因此，Covariance 方法的矩阵分解复杂度更低。

而在实际算法实现中，我们还会根据 k 的大小、数据形式（稀疏/稠密）等因素来决定协方差计算、SVD 分解等步骤的具体方法，因而高性能 PCA 算法需要结合输入数据的特性，进行精细化地设计，本节将对稠密数据的 Covariance 方法和 SVD 方法的分布式实现进行深入讲解。

5.1.1 Covariance 方法实现

Covariance 方法的具体求解步骤如算法 5-1-1 所示：

1）line 1~8：分布式地计算中心化矩阵 $\widetilde{A}$。

2）line 9：计算协方差矩阵 C，这是整个算法的核心部分，有多种实现方式，将在下文进行详细讲解。

3）line 10~11：在 Driver 上调用数学库算子 LAPACK. dsyevd 对 C 进行特征分解，取前 k 个特征向量组成主成分矩阵 V_k。

算法 5-1-1　CovarianceMethod

输入：分布式矩阵 $A_{m \times n} = [x_1, x_2, \cdots, x_m]$，分区数为 P；
　　　主成分个数 k.

过程：

 1: **distributed for** $p = 1, 2, \cdots, P$ **do**

 2:　　计算分区 p 的样本和：$xs_p = \sum\limits_{i=1}^{m_p} x_i$

 3: **end distributed for**

 4: 计算样本均值 $\bar{x} = \dfrac{1}{m} \sum\limits_{p=1}^{P} xs_p$

 5: 广播 $\bar{x}$ 到各个 Worker

 6: **distributed for** $p = 1, 2, \cdots, P$ **do**

 7:　　将分区 p 中的样本中心化：$\bar{x}_i = x_i - \bar{x}$

 8: **end distributed for**

 9: 记中心化矩阵 $\widetilde{A} = [\bar{x}_1, \bar{x}_2, \cdots, \bar{x}_m]$，计算协方差矩阵：$C = \dfrac{1}{m-1} \widetilde{A}^{\mathrm{T}} \widetilde{A}$

10: 特征值分解：LAPACK. dsyevd$(C) = VSV^{\mathrm{T}}$

11: 取 V 的前 k 行：$V_k = V[:, 1:k]$

输出：主成分矩阵 V_k

Covariance 方法的核心在于计算协方差矩阵 $C = \dfrac{1}{m-1}\tilde{A}^{\mathrm{T}}\tilde{A}$，其本质是分布式矩阵乘。与通用矩阵乘（$C = AB$）不同，协方差的乘项相同，我们可以结合这个特点对乘法过程做进一步优化。本节将首先介绍一些分布式矩阵乘的基本知识，然后介绍"内积法"和"外积法"两种协方差计算方法，它们分别适用于维度较高和维度较低的场景。

1. 分布式矩阵乘

分布式矩阵乘包含分布式矩阵分块、乘法方式（内积/外积）、单机矩阵乘等步骤，是影响算法性能的关键因素。

（1）分布式矩阵分块

分布式矩阵分块指将矩阵拆分成一些互不相交的子矩阵，并分布式地存放于各个计算节点中。基于 Spark 的分布式矩阵乘法将矩阵拆分成子矩阵后，会通过 Shuffle 的方式将其分发到各个 Worker 中进行存储和后续计算。常见的数据分块方式有 1D 分块和 2D 分块。如图 5-1 所示，1D 分块按一个维度（行或列）进行划分，2D 分块同时按照行、列两个维度进行划分。矩阵分块方式会影响分布式矩阵乘的通信量和并行度，因而不同形状的矩阵需要采用不同的分块方法。

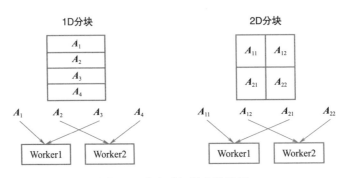

图 5-1　分布式矩阵分块示例

需要说明的是，本书提到的 1D 分块、2D 分块是针对 Spark 分布式矩阵乘的定义。基于 MPI 的分布式矩阵乘法也涉及 1D、2D、2.5D、3D 等矩阵分块方法，它除了数据拆分外，主要用于组织计算节点和通信逻辑，通信方式更为灵活。本书主要介绍基于 Spark 的分布式算法，对基于 MPI 的分布式矩阵乘不做深入展开。

（2）矩阵乘法方式

矩阵乘法的方式有多种，包括内积法（Inner Product Method）、外积法（Outer Product Method）、列线性组合法（Linear Combination of Columns Method）等。其中，内积法和外积法（如图 5-2 所示）是应用非常广泛的两种方式，下文提到的协方差矩阵计算也采用了这两种方法。

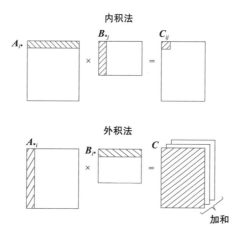

图 5-2　矩阵乘法方式示例：内积法、外积法

内积法：对于矩阵 $A_{m×k}$ 和 $B_{k×n}$，其相乘结果 $C_{m×n}$ 的第 i 行第 j 列元素为

$$C_{ij} = A_{i*} B_{*j} \tag{5-1-1}$$

其中，A_{i*} 代表 A 的第 i 行，B_{*j} 代表 B 的第 j 列。$A_{i*} B_{*j}$ 是两个向量的点乘。

外积法：对于矩阵 $A_{m×k}$ 和 $B_{k×n}$，其相乘结果 $C_{m×n}$ 为

$$C = \sum_{i=1}^{k} A_{*i} B_{i*} \tag{5-1-2}$$

其中，A_{*i} 代表 A 的第 i 列，B_{i*} 代表 B 的第 i 行。$A_{*i} B_{i*}$ 是两个向量的外积，可以将 A_{*i} 看作 $m×1$ 的矩阵，B_{i*} 看作 $1×n$ 的矩阵，$A_{*i} B_{i*}$ 的大小为 $m×n$；C 则是 k 个这样的矩阵的累加之和。

在分布式场景中，上面定义中的 A_{ij} 不是具体的元素值，而是表示矩阵块；同

样，A_{i*} 也不是向量，而是由子矩阵块组成的更大矩阵。内积法和外积法虽然计算复杂度相同，但会影响分布式实现的通信量，具体差异会在协方差计算中进行说明。

（3）单机矩阵乘法

分布式矩阵乘法将数据块分发到各 Worker 上后，会调用单机矩阵乘算子（General Matrix-Matrix Multiplication，GEMM），这是影响算法整体性能的关键因素。提升 GEMM 性能的方法有很多，包括多线程计算、循环展开、调用 SIMD 指令等，其中一个关键方法是矩阵分块。需要说明的是，这里的矩阵分块指对单机矩阵进行拆分，而非上文提到的分布式矩阵分块。

矩阵分块的目的是提高 GEMM 的计算访存比。对于 GEMM 这种计算密集型和访存密集型任务而言，如果不对其做优化，访存操作的开销往往会成为程序执行的瓶颈，获取数据花费的时间可能远大于 CPU 的运算时间。矩阵分块技术指在计算过程中对矩阵进行分块，使得子矩阵能够存放于不同层级的 Cache 中的技术，它可以提升 Cache 的命中率，进而提升计算访存比。

图 5-3 是文献 [1] 列出的几种矩阵分块方式，可以看到 GEMM 会被分解为 GEPP、GEMP、GEPM，然后再进一步分解为 GEBP、GEPB 等 Kernel。下文将以 GEBP 为例，介绍数据分块对计算访存比的影响，图 5-4 是文献 [1] 中介绍的 GEBP 的基本实现过程。

在 $C=AB$ 中，设矩阵 A 的大小为 $m_c \times k_c$；矩阵 B 的大小为 $k_c \times n$，有 N 个列块，每块大小为 $k_c \times n_r$，B_j 是其第 j 个分块；矩阵 C 的大小为 $m_c \times n$，也会有 N 个列块，每块大小为 $m_c \times n_r$，C_j 是其第 j 个分块。为了简化问题，以下做 3 个假设：

- 假设 1：m_c、k_c、n_r 的大小正好可以使 A、B_j 和 C_j 全部装入 Cache。
- 假设 2：如假设 1 被满足，那么在计算 $C_j=AB_j+C_j$ 时，CPU 不再受访存速度的限制，性能将接近峰值。
- 假设 3：A 只会被加载进 Cache 一次，在整个过程中不会被换入又换出。

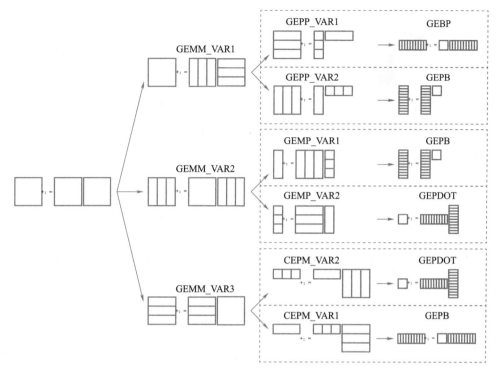

图 5-3　矩阵分块示例[1]

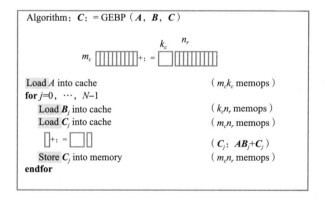

图 5-4　GEBP 的基本实现[1]

在上述假设下，图 5-4 所示的 GEBP 过程需要 $m_c k_c + (2m_c + k_c) n$ memops 和 $2m_c k_c n$ flops，则其计算访存比为

$$\frac{2m_c k_c n}{m_c k_c + (2m_c + k_c)n} \frac{\text{flops}}{\text{memops}} \approx \frac{2m_c k_c n}{(2m_c + k_c)n} \frac{\text{flops}}{\text{memops}} \quad (\text{通常情况下} \ k_c \ll n)$$

(5-1-3)

$$\approx \frac{2m_c k_c}{2m_c + k_c} \frac{\text{flops}}{\text{memops}}$$

由此可以看出,当 m_c、k_c 越大时,计算访存比越高。而鲲鹏处理器的 Cache 容量大,允许更大的矩阵分块,这提高了 GEMM 过程中的计算访存比,也使得单机矩阵乘性能显著提升。

2. 协方差计算:内积法

下面介绍使用内积法计算协方差矩阵 $\frac{1}{m-1}\tilde{A}^T\tilde{A}$。为叙述方便,本节中简记 $A = \tilde{A}$,记 $G = A^T A$,G 也被称为格拉姆矩阵(Gramian Matrix)。接下来我们讲解如何计算矩阵 G。设矩阵 A 按 2D 分块,分为 $M_b \times N_b$ 个子块矩阵 $\{A_{ij}: i = 1, \cdots, M_b, j = 1, \cdots, N_b\}$,并分布式地存储在集群的各个节点上。根据矩阵 A 的分块,可以计算 G 的子块:

$$G_{ij} = \sum_{k=1}^{M_b} A_{ki}^T A_{kj}, \quad i = 1, \cdots, N_b, \ j = 1, \cdots, N_b$$

(5-1-4)

由式(5-1-4)可知,计算 G_{ij} 需要使用 A 的第 i 列子块和第 j 列子块。因此,A 矩阵的每一列的子块都需要和包括自身的每一列子块分别聚合到相同的位置,这样才能并行地计算 G 的每个子块。用矩阵 G 的下标组合标记这个目标位置,如计算 G_{ij} 的目标位置标记为 (i,j)。注意到矩阵 G 是对称的,我们只需要计算其上三角或下三角部分的子块即可,这里计算其上三角部分的子块(包含对角线上子块)。矩阵 A 的子块 A_{ij} 发送的目标位置为

$$(1,j), \cdots, (j,j), (j,j+1), \cdots, (j,N_b)$$

计算协方差矩阵的方法如算法 5-1-2 所示(图 5-5 展示了将矩阵 A 分割成 2×2 个子块矩阵时的计算流程示例)。计算时需要先复制矩阵 A,以子块需要发送的目标位置为键,聚合矩阵 A 的子块,进而并行计算矩阵 G 的上三角部分子块。例如子块 A_{ij} 需要复制 N_b 份,以目标位置为键,自身为值,形成键值对:

$$((1,j),\boldsymbol{A}_{ij}),\cdots,((j,j),\boldsymbol{A}_{ij}),((j,j+1),\boldsymbol{A}_{ij}),\cdots,(j,N_b),\boldsymbol{A}_{ij})$$

根据目标位置分组计算所需的子块矩阵,键 (i,j) 对应的值为

$$\{\boldsymbol{A}_{ki}\}_{k=1}^{M_b},\{\boldsymbol{A}_{kj}\}_{k=1}^{M_b}$$

此时即可通过式(5-1-1)并行地计算每个键对应的子块 $\boldsymbol{G}_{ij}(i\leqslant j)$。最后令 $\boldsymbol{G}_{ji}=\boldsymbol{G}_{ij}^{\mathrm{T}}(i<j)$ 即可得到完整的矩阵 $\boldsymbol{G}$。

算法 5-1-2　GramianInnerProduct

输入:分布式矩阵 $\boldsymbol{A}_{m\times n}$,行块数 M_b,列块数 N_b,分区数 P;

过程:

1:将矩阵 $\boldsymbol{A}$ 划分为 $M_b\times N_b$ 个子块矩阵 $\{\boldsymbol{A}_{ij}:i=1,\cdots,M_b,\ j=1,\cdots,N_b\}$,分区数为 P

2:**distributed for** $p=1,2,\cdots,P$ **do**

3:　　以目标位置为键,复制分区 p 上的每个子块矩阵:例如子块 $\boldsymbol{A}_{ij}$ 复制为

$$((1,j),\boldsymbol{A}_{ij}),\cdots,((j,j),\boldsymbol{A}_{ij}),((j,j+1),\boldsymbol{A}_{ij}),\cdots,(j,N_b),\boldsymbol{A}_{ij})$$

4:**end distributed for**

5:根据目标位置分组子块矩阵,键为 (i,j) 对应的子块矩阵为

$$\{\boldsymbol{A}_{ki}\}_{k=1}^{M_b},\{\boldsymbol{A}_{kj}\}_{k=1}^{M_b}$$

6:**distributed for** $p=1,2,\cdots,P$ **do**

7:　　计算分区 p 上矩阵 $\boldsymbol{G}$ 的子块:例如子块 $\boldsymbol{G}_{ij}=\sum_{k=1}^{M_b}\boldsymbol{A}_{ki}^{\mathrm{T}}\boldsymbol{A}_{kj}$

8:**end distributed for**

9:令 $\boldsymbol{G}_{ji}=\boldsymbol{G}_{ij}^{\mathrm{T}}(i<j)$ 补全矩阵 $\boldsymbol{G}$

输出:乘积矩阵 $\boldsymbol{G}$

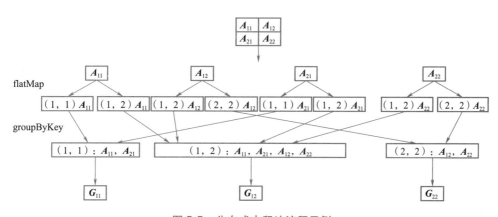

图 5-5　分布式内积法流程示例

通过上述分析可以知道，用内积法计算协方差矩阵的时间复杂度为 $O(mn^2)$，空间复杂度为 $O(mnN_b+n^2)$，计算并行度为 $M_b \times N_b$。注意其中根据键分组子块矩阵时涉及 Shuffle 操作，因此会有较多的磁盘读写和网络传输（量级为 $O(mnN_b)$），这将影响计算性能。

3. 协方差计算：外积法

另一种求解 $\boldsymbol{G}=\boldsymbol{A}^{\mathrm{T}}\boldsymbol{A}$ 的方式是外积法。设矩阵 $\boldsymbol{A}$ 按行分块，分为 K_b 个行块矩阵 $\{\boldsymbol{A}_k: k=1,\cdots,K_b\}$，分布式地存储在集群的各个节点上。为了性能考虑，每个分区通常只放一个行块，因而分区数等于 K_b。根据外积法的公式

$$\boldsymbol{G} = \sum_{k=1}^{K_b} \boldsymbol{A}_k^{\mathrm{T}}\boldsymbol{A}_k \tag{5-1-5}$$

我们可以并行地使用每个行块矩阵计算 $\boldsymbol{A}_k^{\mathrm{T}}\boldsymbol{A}_k$，最后使用 Spark 的 treeReduce 算子即可将所有乘积矩阵累加到 driver 端，得到矩阵 $\boldsymbol{G}$。分布式计算伪代码见算法 5-1-3，具体流程示例如图 5-6 所示。

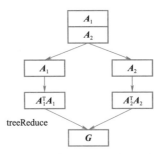

图 5-6 分布式外积法流程示例

算法 5-1-3 GramianOuterProduct

输入：分布式矩阵 $\boldsymbol{A}_{m \times n}$，行块数 K_b，分区数 $P=K_b$；

过程：
1：**distributed for** $p=1,2,\cdots,P$ **do**
2：　　对于分区 p 上的矩阵 $\boldsymbol{A}_p$ 计算：$\boldsymbol{G}_p=\boldsymbol{A}_p^{\mathrm{T}}\boldsymbol{A}_p$
3：**end distributed for**
4：累加计算子块乘积矩阵到 Driver 端：$\boldsymbol{G} = \sum_{k=1}^{P} \boldsymbol{G}_k$

输出：乘积矩阵 $\boldsymbol{G}$

　　　　　　　　　　　　　　　　　基于鲲鹏的大数据挖掘算法实战

使用外积法计算分布式矩阵乘的时间复杂度为 $O(mn^2)$，空间复杂度为 $O(mn+n^2K_b)$，计算并行度为 K_b。

外积法与内积法的计算复杂度相同。然而，当矩阵 A 较为瘦长（$m \gg n$）时，外积法空间复杂度较低；当矩阵较为矮胖（$m \ll n$）时，内积法空间复杂度较低。此外，内积法计算并行度的上限较外积法更高。因此，如果矩阵较为瘦长，分块后仍然可以充分利用集群核心，此时可以使用外积法；如果矩阵较为矮胖，或集群核心较多，外积法难以分出足够的行块利用核心，此时可以使用内积法。

5.1.2 SVD 方法实现

SVD 方法分布式实现如算法 5-1-4 所示，其大致流程与 Covariance 方法类似，核心部分在于对 $\tilde{A}$ 进行 SVD 分解（line 9）。SVD 分解分为 Full-SVD 和 Truncated-SVD，前者是计算全部奇异值，常用直接求解法；后者是计算前 k 大（或前 k 小）的奇异值，常用迭代求解法。由于 PCA 算法的主要应用是降维，k 通常会远小于 n，因此 PCA 算法中常用的是 Truncated-SVD。本书将介绍"Lanczos 算法"和"RSVD 算法"两种分布式 Truncated-SVD 算法。

算法 5-1-4　SVDMethod

输入：分布式矩阵 $A_{m \times n} = [x_1, x_2, \cdots, x_m]$，分区数为 P；
　　　　主成分个数 k.

过程：
1：**distributed for** $p = 1, 2, \cdots, P$ **do**
2：　　计算分区 p 的样本和：$xs_p = \sum_{i=1}^{m_p} x_i$
3：**end distributed for**
4：计算样本均值 $\bar{x} = \dfrac{1}{m} \sum_{p=1}^{P} xs_p$
5：广播 $\bar{x}$ 到各个 Worker
6：**distributed for** $p = 1, 2, \cdots, P$ **do**
7：　　将分区 p 中的样本中心化：$\bar{x}_i = x_i - \bar{x}$
8：**end distributed for**
9：记中心化矩阵 $\tilde{A} = [\bar{x}_1, \bar{x}_2, \cdots, \bar{x}_m]$，对其进行 Truncated-SVD 分解：$\tilde{A} = USV^T$
输出：主成分矩阵 V

---

1. Lanczos 算法

Lanczos 算法是目前业界流行的求解对称矩阵（厄米特矩阵）特征值的方法，用于求解前 k 个最大或最小的特征值及其特征向量。

如果想要用 Lanczos 算法对任意矩阵 A 进行奇异值分解，可以通过对 $G = A^{\mathrm{T}}A$ 进行特征分解而得到。具体来说，假设 $A = USV^{\mathrm{T}}$，则 $G = A^{\mathrm{T}}A = VSU^{\mathrm{T}}USV^{\mathrm{T}} = VS^2V^{\mathrm{T}}$。显然，$V$ 是 G 的特征向量矩阵，S^2 是 G 的特征值矩阵。

（1）Lanczos 算法介绍

很多特征分解算法会首先将矩阵变换为特殊结构，然后利用其特殊结构来加速分解过程。Lanczos 算法首先将矩阵变换为三对角对称矩阵，然后对其进行特征分解，后者速度会非常快，性能耗时主要在矩阵三对角化。

①矩阵三对角化

矩阵三对角化的目的是找到一个正交矩阵 $Y_{n \times d} = [y_1, y_2, \cdots, y_d]$，将对称矩阵 $G_{n \times n}$ 转换为三对角矩阵 $T_{d \times d}$，即

$$T_{d \times d} = Y^{\mathrm{T}} G Y \tag{5-1-6}$$

其中，y_j 是列向量，且满足 $y_i^{\mathrm{T}} y_j = \begin{cases} 1, & \text{如果 } i=j \\ 0, & \text{如果 } i \neq j \end{cases}$。$T$ 为三对角对称矩阵

$$T_{d \times d} = \begin{bmatrix} \alpha_1 & \beta_2 & & & & & \\ \beta_2 & \alpha_2 & \beta_3 & & & & \\ & \beta_3 & \alpha_3 & & & & \\ & & & \ddots & & & \\ & & & & & \beta_{d-1} & \\ & & & & \beta_{d-1} & \alpha_{d-1} & \beta_d \\ & & & & & \beta_d & \alpha_d \end{bmatrix} \tag{5-1-7}$$

三对角化的目标是求解 $\alpha_j, \beta_j, y_j (1 \leq j \leq d)$，下面给出求解和证明过程。

由 $T = Y^{\mathrm{T}} G Y$，可得 $GY = YT$，记 $Gy_j = w_j'$，结合 T 的定义可得：

$$w_j' = \beta_{j+1} y_{j+1} + \alpha_j y_j + \beta_j y_{j-1} \tag{5-1-8}$$

　　　　　　　　　　　　　　　　基于鲲鹏的大数据挖掘算法实战

那么，可通过如下方法得到 α_j：

$$
\begin{aligned}
\boldsymbol{w}_j'^{\mathrm{T}}\boldsymbol{y}_j &= (\beta_{j+1}\boldsymbol{y}_{j+1}^{\mathrm{T}}+\alpha_j\boldsymbol{y}_j^{\mathrm{T}}+\beta_j\boldsymbol{y}_{j-1}^{\mathrm{T}})\boldsymbol{y}_j \\
&=\beta_{j+1}\boldsymbol{y}_{j+1}^{\mathrm{T}}\boldsymbol{y}_j+\alpha_j\boldsymbol{y}_j^{\mathrm{T}}\boldsymbol{y}_j+\beta_j\boldsymbol{y}_{j-1}^{\mathrm{T}}\boldsymbol{y}_j \\
&=\alpha_j
\end{aligned}
\tag{5-1-9}
$$

记 $\boldsymbol{w}_j=\boldsymbol{w}_j'-\alpha_j\boldsymbol{y}_j-\beta_j\boldsymbol{y}_{j-1}=\beta_{j+1}\boldsymbol{y}_{j+1}$，则有

$$
\begin{aligned}
\|\boldsymbol{w}_j\|_2 &=\sqrt{\boldsymbol{w}_j^{\mathrm{T}}\boldsymbol{w}_j} \\
&=\sqrt{\beta_{j+1}^2\boldsymbol{y}_{j+1}^{\mathrm{T}}\boldsymbol{y}_{j+1}} \\
&=\beta_{j+1}
\end{aligned}
\tag{5-1-10}
$$

已知 β_{j+1} 和 $\boldsymbol{w}_j$ 后，可得 $\boldsymbol{y}_{j+1}=\boldsymbol{w}_j/\beta_{j+1}$。

综上所述，三对角化的计算步骤如算法 5-1-5 所示。

算法 5-1-5　Tridiagonalization

输入：对称矩阵 $\boldsymbol{G}_{n\times n}$，三对角矩阵维度 d.

过程：
1：随机生成 n 维向量 $\boldsymbol{y}_1$
2：初始化参数：
3：　　$\boldsymbol{w}_1'=\boldsymbol{G}\boldsymbol{y}_1$
4：　　$\alpha_1=\boldsymbol{w}_1'^{\mathrm{T}}\boldsymbol{y}_1$
5：　　$\boldsymbol{w}_1=\boldsymbol{w}_1'-\alpha_1\boldsymbol{y}_1$
6：for $j=2,3,\cdots,d$ do
7：　　$\beta_j=\|\boldsymbol{w}_{j-1}\|_2$
8：　　if $\beta_j\neq 0$ then
9：　　　　$\boldsymbol{y}_j=\boldsymbol{w}_{j-1}/\beta_j$
10：　　else
11：　　　　$\boldsymbol{y}_j=$ 随机 n 维向量且与 $\boldsymbol{y}_1,\cdots,\boldsymbol{y}_{j-1}$ 正交
12：　　end if
13：　　$\boldsymbol{w}_j'=\boldsymbol{G}\boldsymbol{y}_j$
14：　　$\alpha_j=\boldsymbol{w}_j'^{\mathrm{T}}\boldsymbol{y}_j$
15：　　$\boldsymbol{w}_j=\boldsymbol{w}_j'-\alpha_j\boldsymbol{y}_j-\beta_j\boldsymbol{y}_{j-1}$
16：end for
输出：三对角矩阵 $\boldsymbol{T}_{d\times d}$ 的组成元素 $[\alpha_1,\alpha_2,\cdots,\alpha_d]$ 和 $[\beta_1,\beta_2,\cdots,\beta_d]$；
　　　正交矩阵 $\boldsymbol{Y}_{n\times d}=[\boldsymbol{y}_1,\boldsymbol{y}_2,\cdots,\boldsymbol{y}_d]$，使得 $\boldsymbol{T}=\boldsymbol{Y}^{\mathrm{T}}\boldsymbol{G}\boldsymbol{Y}$.

②特征分解

由于 $T_{d\times d}$ 的特殊结构，对其可以快速进行特征分解，得到特征值 $[\lambda_1,\lambda_2,\cdots,\lambda_d]$ 和对应的特征向量 $[q_1,q_2,\cdots,q_d]$，即对于任意 $1\leqslant j\leqslant d$ 满足 $Tq_j=\lambda_j q_j$；结合式 (5-1-6) 有

$$\begin{aligned}
GYq_j &= (YTY^{\mathrm{T}})Yq_j \\
&= YT(Y^{\mathrm{T}}Y)q_j \\
&= Y(Tq_j) \\
&= \lambda_j Yq_j
\end{aligned} \tag{5-1-11}$$

令 $v_j=Yq_j$，可得 $Gv_j=\lambda_j v_j$，即 λ_j 是 G 的特征值，v_j 是其对应的特征向量。

综上所述，Lanczos 算法对矩阵 G 进行特征分解的过程是：首先，生成三对角矩阵 T 和正交矩阵 Y；然后对 T 进行特征分解，得到特征值 $[\lambda_1,\lambda_2,\cdots,\lambda_d]$ 和特征向量 $[q_1,q_2,\cdots,q_d]$；最后得出 G 的前 k 个特征值为 $[\lambda_1,\lambda_2,\cdots,\lambda_k]$，特征向量是 $[Yq_1,Yq_2,\cdots,Yq_k]$。

（2）Lanczos 算法分布式实现

Spark 可以通过调用 ARPACK 库[2] 来实现 Lanczos 算法。ARPACK 是一个线性代数软件库，实现了包括 Lanczos 算法在内的一系列特征分解算法，广泛应用于 Matlab、SciPy 等数值分析、机器学习底层库中。Lanczos 算法要求迭代生成的 $[y_1,y_2,\cdots,y_d]$ 是一组正交基，但在实际计算过程，由于机器误差的存在，y_j 会在迭代过程中失去正交性，面临数值稳定性问题。因而在实际应用中，我们会利用重正交化等方式来保证数值稳定性，同时为了减少重正交化的计算成本，也会引入 Restart 等技巧。ARPACK 实现的 Implicitly Restarted Lanczos Method 算法，是目前精度、性能都比较高的 Lanczos 算法。

由算法 5-1-5 的 line 3、line13 可以看出，Lanczos 算法不需要输入矩阵 G，而只需要输入 Gy_j 的结果即可，因而 ARPACK 提供了 matrix-free 计算接口，即用户只需输入"矩阵乘向量"的计算函数即可。在 PCA 算法中，我们要对中心化矩阵 $\tilde{A}$ 进行 SVD 分解，"矩阵乘向量"函数中的"矩阵"指 $\tilde{A}^{\mathrm{T}}\tilde{A}$，即"矩阵乘向量"函

数指计算 $\tilde{A}^{T}\tilde{A}v$。因而在 PCA 算法流程中，只需对 $\tilde{A}^{T}\tilde{A}v$ 进行分布式实现，然后直接将其实现函数输入给 ARPACK 即可得到结果。

算法 5-1-6 给出了 $A^{T}Av$ 的分布式实现步骤，主要分为两步：首先，对各分区内子矩阵 A_p 计算 $w_p = A_p^{T}A_p v$，而

$$A_p^{T}A_p v = \sum_{i=1}^{m_p} x_i^{T}x_i v = \sum_{i=1}^{m_p} x_i^{T}(x_i v) \qquad (5\text{-}1\text{-}12)$$

式（5-1-12）的计算方法相较于直接计算 $(A_p^{T}A_p)v$，可以避免在计算过程中生成 $n \times n$ 的中间结果，避免在高维场景下内存溢出；然后，根据 $A^{T}Av = \sum_{i=1}^{P} A_p^{T}A_p v$，将各分区生成的结果向量 w_p 进行聚合相加得到 $A^{T}Av$ 的计算结果。

算法 5-1-6　$A^{T}Av$

输入：分布式矩阵 $A_{m \times n} = [x_1, x_2, \cdots, x_m]$，格式 RDD[Vector]，分区数为 P；
　　　　单机 n 维向量 v。

过程：
1：广播 v
2：**distributed for** $p = 1, 2, \cdots, P$ **do**
3：　　对分区 p 内的样本计算：$w_p = \sum_{i=1}^{m_p} x_i^{T}(x_i v)$
4：**end distributed for**
5：聚合各分区结果 $w = \sum_{p=1}^{P} w_p$

输出：$A^{T}Av$ 计算结果 w

由于 Lanczos 算法每轮迭代只能更新一个 Lanczos vector(y_j)，而且目前没有对其 Block 化的完备数学理论，无法利用效率更高的 BLAS Level3 算子，因此，该算法适合中低维矩阵，在高维矩阵场景下可能会耗时很长，无法满足业务的时效性要求。

2. RSVD 算法

随机算法是数值计算中的常用技巧，因其快速、高效的收敛速度和近年来大数据的火热而得到了较为广泛的关注。文献［3］首先提出了 RSVD（Randomized SVD，随机奇异值分解）并做了相应的理论研究。RSVD 的计算过程涉及大量矩阵

乘（BLAS Level3）算子，这可以更好地发挥鲲鹏的性能优势（详情见 5.1.1 节的"单机矩阵乘法"），从而加速高维场景下的 SVD 计算。

（1）RSVD 算法介绍

对于矩阵 $\boldsymbol{A}_{m \times n}$，待求的奇异值个数为 k，RSVD 算法的目的是找到一个正交矩阵 $\boldsymbol{Q} \in \mathbb{R}^{m \times l}$，使得

$$\boldsymbol{A} \approx \boldsymbol{Q}\boldsymbol{Q}^{\mathrm{T}}\boldsymbol{A} \tag{5-1-13}$$

其中 $l=k+t$，t 是一个过采样参数，取值一般很小。在得到 $\boldsymbol{Q}$ 后，只需对 $\boldsymbol{Q}^{\mathrm{T}}\boldsymbol{A}$ 做 SVD 分解，即 $\boldsymbol{Q}^{\mathrm{T}}\boldsymbol{A} = \boldsymbol{U}\boldsymbol{S}\boldsymbol{V}^{\mathrm{T}}$，则可得到 $\boldsymbol{A}$ 的近似 SVD 分解：

$$\boldsymbol{A} \approx \boldsymbol{Q}\boldsymbol{Q}^{\mathrm{T}}\boldsymbol{A} = \boldsymbol{Q}(\boldsymbol{Q}^{\mathrm{T}}\boldsymbol{A}) = \boldsymbol{Q}\boldsymbol{U}\boldsymbol{S}\boldsymbol{V}^{\mathrm{T}} = (\boldsymbol{Q}\boldsymbol{U})\boldsymbol{S}\boldsymbol{V}^{\mathrm{T}} \tag{5-1-14}$$

即 $\boldsymbol{A}$ 的左奇异矩阵为 $\boldsymbol{Q}\boldsymbol{U}$，右奇异矩阵为 $\boldsymbol{V}^{\mathrm{T}}$，奇异值矩阵为 $\boldsymbol{S}$。

在选取正交矩阵 $\boldsymbol{Q}$ 时，RSVD 的方法是在原空间中进行随机采样，得到与 $\boldsymbol{A}$ 近似的低维空间，将低维空间的基作为 $\boldsymbol{Q}$，即

$$\boldsymbol{Q} = \mathrm{orth}(\boldsymbol{A}\boldsymbol{\Omega}) \tag{5-1-15}$$

其中，$\boldsymbol{\Omega} \in \mathbb{R}^{n \times l}$ 是随机矩阵，orth 是正交化操作。

从上述计算过程可以看出，RSVD 方法将需要进行 SVD 分解的矩阵规模从 $m \times n$ 降低到 $l \times n$，极大地减少了计算复杂度。

然而，在实际应用中会遇到奇异值分布不分离的情况，此时上述的基础 RSVD 算法无法给出可靠的结论，因此 Halko[1] 提出了一种"幂迭代（Power Iteration）"的加速方式，旨在将奇异值之间的差异变大从而加速收敛。直观来讲，若 $\boldsymbol{A} = \boldsymbol{U}\boldsymbol{S}\boldsymbol{V}^{\mathrm{T}}$，则有

$$\boldsymbol{A}^{*} = (\boldsymbol{A}\boldsymbol{A}^{\mathrm{T}})^{q}\boldsymbol{A} = \boldsymbol{U}\boldsymbol{S}^{2q+1}\boldsymbol{V}^{\mathrm{T}} \tag{5-1-16}$$

即 $\boldsymbol{A}^{*}$ 的奇异值为 $\boldsymbol{S}^{2q+1}$，其相较于 $\boldsymbol{A}$ 的奇异值更加分离。

除了幂迭代之外，Cameron[4] 提出在 RSVD 算法中增加 Krylov 子空间迭代技术，即保留所有幂迭代的中间结果，记为

$$\mathcal{K} = \{\boldsymbol{A}\boldsymbol{\Omega}, (\boldsymbol{A}\boldsymbol{A}^{\mathrm{T}})\boldsymbol{A}\boldsymbol{\Omega}, \cdots, (\boldsymbol{A}\boldsymbol{A}^{\mathrm{T}})^{q}\boldsymbol{A}\boldsymbol{\Omega}\} \tag{5-1-17}$$

然后从该子空间中选取 $\boldsymbol{Q}$，文献［4］证明该方法有更好的收敛效率。

基于鲲鹏的大数据挖掘算法实战

（2）RSVD 算法分布式实现

算法 5-1-7 是对文献［4］中 RSVD 算法的分布式实现，其主要步骤是：

1）line1~2：生成随机矩阵 $\boldsymbol{\Omega}_{n\times(k+t)}$，并正交化。

2）line3~5：分布式地计算 $\boldsymbol{Y}=\boldsymbol{A}\boldsymbol{\Omega}$。

3）line6：初始化 Krylov 子空间 $\boldsymbol{S}=[\boldsymbol{Y}]$。

4）line7~19：迭代地计算 $(\boldsymbol{A}\boldsymbol{A}^{\mathrm{T}})^{q}\boldsymbol{A}\boldsymbol{\Omega}$，并将其加入至 Krylov 子空间。在每轮迭代中：

- line8~12：分布式地计算 $\boldsymbol{X}=\boldsymbol{A}^{\mathrm{T}}\boldsymbol{Y}$，并正交化。
- line13~17：分布式地计算 $\boldsymbol{Y}=\boldsymbol{A}\boldsymbol{X}$，并正交化。
- line18：将本轮计算生成的 $\boldsymbol{Y}$ 增加到 Krylov 子空间中。

5）line20：对子空间 $\boldsymbol{S}$ 正交化；

6）line21~24：分布式地计算 $\boldsymbol{B}=\boldsymbol{Q}^{\mathrm{T}}\boldsymbol{A}$；

7）line25：对 $\boldsymbol{B}$ 进行 SVD 分解，得到的 $\boldsymbol{S}$ 和 $\boldsymbol{V}$ 就是矩阵 $\boldsymbol{A}$ 的奇异值矩阵和右奇异值矩阵。

算法 5-1-7　RSVD

输入：分布式矩阵 $\boldsymbol{A}_{m\times n}$，分区数为 P；
　　　　奇异值个数 k，幂迭代次数 q，过采样数 t.

过程：

1：生成随机矩阵 $\boldsymbol{\Omega}_{n\times(k+t)}$
2：$\boldsymbol{\Omega}=\mathrm{OrthLocal}(\boldsymbol{\Omega})$
3：广播 $\boldsymbol{\Omega}$
3：**distributed for** $p=1,2,\cdots,P$ **do**
4：　　对分区 p 内的矩阵 $\boldsymbol{A}_{p}$ 计算：$\boldsymbol{Y}_{p}=\boldsymbol{A}_{p}\boldsymbol{\Omega}$
5：**end distributed for**
6：初始化 Krylov 子空间：$\boldsymbol{S}=[\boldsymbol{Y}]$
7：**for** $i=1,2,\cdots,q$ **do**
8：　　**distributed for** $p=1,2,\cdots,P$ **do**
9：　　　　对分区 p 内的矩阵 $\boldsymbol{A}_{p}$ 和 $\boldsymbol{Y}_{p}$ 计算：$\boldsymbol{X}_{p}=\boldsymbol{A}_{p}^{\mathrm{T}}\boldsymbol{Y}_{p}$
10：　　**end distributed for**
11：　　聚合计算 $\boldsymbol{X}=\displaystyle\sum_{p}^{P}\boldsymbol{X}_{p}$
12：　　$\boldsymbol{X}=\mathrm{OrthLocal}(\boldsymbol{X})$

13：　　　　广播 X
14：　　　**distributed for** $p=1,2,\cdots,P$ **do**
15：　　　　　对分区 p 内的矩阵 A_p 计算：$Y_p=A_pX$
16：　　　**end distributed for**
17：　　　$Y=\mathbf{OrthDistribute}(Y)$
18：　　　更新 Krylov 子空间：$S=[S,Y]$
19：**end for**
20：$Q=\mathbf{OrthDistribute}(S)$
21：**distributed for** $p=1,2,\cdots,P$ **do**
22：　　　对分区 p 内的矩阵 A_p 和 Q_p 计算：$B_p=Q_p^{\mathrm{T}}A_p$
23：**end distributed for**
24：聚合计算 $B=\sum\limits_{p}^{P} B_p$
25：对 B 进行 SVD 分解：LAPACK. dgesdd $(B)=USV^{\mathrm{T}}$
输出：A 的特征值 $S\,[1:k,1:k]$，右奇异矩阵 $V\,[:,1:k]$

　　算法 5-1-7 涉及大量正交化操作，其目的是得到矩阵列向量张成的空间的
基，常用的方法有 Gram-Schmidt 正交化、QR 分解等。此处使用 QR 分解对矩阵
做正交化，即对于矩阵 A，对其做 QR 分解得到 $A=QR$，则 Q 为 A 正交化的结
果。在矩阵较小时，可以直接调用单机数学库做 QR 分解，即算法 5-1-7 中的 Orth-
Local=LAPACK. dgeqrf。而在矩阵规模比较大时，则需要分布式地计算 QR 分解。由
于在 PCA 算法中，通常 $k\ll\min(m,n)$，因此我们可以参考 Austin[5] 提出的针对瘦长
矩阵的 TSQR(Tall Skinny QR matrix factorization) 算法来分布式地计算 QR 分解。

　　以矩阵 $A_{m\times n}$ 为例，假设分区数为 4，TSQR 的算法分布式计算过程如图 5-7 所示。

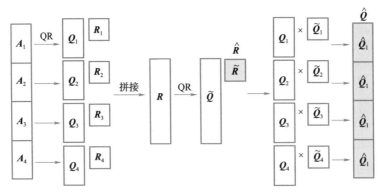

图 5-7　TSQR 算法流程示例

　　　　　　　　　　　　　　　　　　　　　　基于鲲鹏的大数据挖掘算法实战

首先，将 A 按行分块

$$A = \begin{bmatrix} A_1 \\ A_2 \\ A_3 \\ A_4 \end{bmatrix} \tag{5-1-18}$$

然后对每个行块 A_i 进行 QR 分解，则有

$$A = \begin{bmatrix} Q_1 & & & \\ & Q_2 & & \\ & & Q_3 & \\ & & & Q_4 \end{bmatrix} \begin{bmatrix} R_1 \\ R_2 \\ R_3 \\ R_4 \end{bmatrix} = \begin{bmatrix} Q_1 & & & \\ & Q_2 & & \\ & & Q_3 & \\ & & & Q_4 \end{bmatrix} R \tag{5-1-19}$$

接着对 R 进行 QR 分解

$$A = \begin{bmatrix} Q_1 & & & \\ & Q_2 & & \\ & & Q_3 & \\ & & & Q_4 \end{bmatrix} \tilde{Q}\tilde{R} \tag{5-1-20}$$

令

$$\hat{Q} = \begin{bmatrix} Q_1 & & & \\ & Q_2 & & \\ & & Q_3 & \\ & & & Q_4 \end{bmatrix} \tilde{Q}, \hat{R} = \tilde{R} \tag{5-1-21}$$

则矩阵 A 的 QR 分解结果为 $A = \hat{Q}\hat{R}$。TSQR 算法的分布式实现（即算法 5-1-7 中的 OrthDistribute）如算法 5-1-8 所示。

输入：分布式矩阵 $A_{m \times n}$，分区数为 P.

过程：
1：**distributed for** $p = 1, 2, \cdots, P$ **do**
2：　　对分区 p 内的矩阵 A_p 进行 QR 分解：$A_p = Q_p R_p$
3：**end distributed for**
4：在 Driver 端按行拼接：$R = \text{concat}([R_1, R_2, \cdots, R_p], \ \text{axis} = 0)$
5：对 R 进行 QR 分解：$R = \tilde{Q}\tilde{R}$
6：将 $\tilde{Q}$ 按行进行分布式分块，分区数为 P
7：**distributed for** $p = 1, 2, \cdots, P$ **do**
8：　　对分区 p 内的矩阵 Q_p、$\tilde{Q}_p$ 计算：$\hat{Q}_p = Q_p \tilde{Q}_p$
9：**end distributed for**
输出：A 的 QR 分解结果 $A = \hat{Q}\tilde{R}$，其中 $\hat{Q}$ 是分布式矩阵，$\tilde{R}$ 是单机矩阵

　　RSVD 算法由于其涉及大量的 BLAS Level3 操作，因此计算效率会更高。然而业界现有的 RSVD 算法（如算法 5-1-7）在实际应用时会面临如下两个问题，严重影响了计算性能：

　　1）精度不够高，文献［3］建议迭代 1~2 轮即可达到一般精度，但如果要达到 ARPACK 精度则需迭代非常多轮，尤其是对于奇异值不分离的矩阵，实测需要数百轮才会收敛。

　　2）由于 Krylov 子空间需要将所有迭代中间结果进行拼接，因此随着迭代次数增多，单次迭代耗时会随着迭代次数增多而成倍增长。

　　针对上述问题，鲲鹏 BoostKit 算法库在算法原理上做了相应改进：

　　1）创新性地将幂法平移加速方法（一次多项式变换）推广到高次多项式，收敛速度显著提高，迭代次数减少了 2/3；此外，针对迭代次数较多的场景，对已经收敛的奇异值在后续迭代中不再重复计算，降低了单次迭代计算量。

　　2）对 Krylov 子空间的构成做了优化，使得每轮迭代耗时保持在可控范围内，不会无限延长；同时利用重正交化等方法，保证了数值稳定性；

此外，鲲鹏 BoostKit 还采用了自适应参数选择和收敛性判断策略，不需要对迭代次数、过采样数等超参进行手动调参，易用性强。

5.1.3 鲲鹏 BoostKit 算法 API 介绍

在鲲鹏 BoostKit 的 PCA 实现中，模型被封装为 ML API 类模型接口，其核心是使用 fit 方法，输入 Dataset 形式的矩阵，输出 PCAModel（包含主成分和对应的权重）。下文将介绍 PCA 的算法参数和使用示例。

1. 算法参数介绍

PCA 算法参数如表 5-1 所示。

表 5-1 PCA 算法参数

参数名称	参数类型	参数说明	默认值
k	Int	主成分个数	无

2. 使用示例

（1）创建算法实例

```
val pca = new PCA()
    .setInputCol("features")
    .setOutputCol("pcaFeatures")
    .setK(3)
```

（2）模型训练

调用 fit 方法返回 PCAModel 类。

```
val model = pca.fit(df)
```

（3）模型推理

通过已经训练完成的 PCAModel，可以得到数据降维后的结果。

```
val result = pca.transform(df)
```

5.2 逻辑回归

逻辑回归是一种被广泛使用的有监督分类方法，逻辑回归问题通常被转化为最优化问题，机器学习领域的主流方法是采用优化器对逻辑回归问题进行求解，其算法原理已在3.3节中做了详细介绍。鲲鹏 BoostKit 机器学习算法加速库聚焦二阶优化器，结合鲲鹏芯片的特性优化逻辑回归的 Spark 分布式实现，从而提高逻辑回归算法的性能。本节将详细介绍逻辑回归算法的模型求解和分布式实现。

5.2.1 概念回顾

逻辑回归既可以处理二分类，又可以处理多分类。为了叙述方便，本节以二分类逻辑回归为例进行介绍。首先，我们简要回顾一下二分类逻辑回归的模型和目标函数构建。

给定训练样本集，其特征数据为 $X = \{x_1, x_2, \cdots, x_m\}$，对应的类别标签数据为 $y = \{y_1, y_2, \cdots, y_m\}$，其中样本的特征数据 x_i 是 n 维列向量，标签 $y_i \in \{0, 1\}$。逻辑回归基于线性模型 $w^T x$（为便于讨论，本节忽略偏置项 b），引入 Logistic 函数（也称 Sigmoid 函数）Logistic $(z) = \dfrac{1}{1+e^{-z}}$，构造逻辑回归模型：

$$h(x) = \text{Logistic}(w^T x) = \frac{1}{1+e^{-w^T x}} \tag{5-2-1}$$

逻辑回归的损失函数：

$$L(w) = -\frac{1}{m} \sum_{i=1}^{m} \left[y_i \log(h(x_i)) + (1-y_i) \log(1-h(x_i)) \right] \tag{5-2-2}$$

在不考虑正则项的情况下，损失函数即为目标函数：

$$J(w) = L(w) \tag{5-2-3}$$

逻辑回归问题最终转化为最优化问题：

$$\boldsymbol{w}^* = \underset{\boldsymbol{w}}{\arg\min} J(\boldsymbol{w}) \tag{5-2-4}$$

5.2.2 优化求解

优化器是实现逻辑回归模型求解的常用方法，其通过指引目标函数的参数往正确的方向更新合适的大小，使得更新参数的目标函数值不断逼近全局最小，从而实现最小化目标函数。优化器还可以应用于线性回归、线性支持向量机等算法的模型参数求解。

主流的优化器可以分为一阶优化器和二阶优化器。

- 一阶优化器

一阶优化器通常在目标函数的梯度的反方向上更新参数，从而最小化目标函数。经典的算法有梯度下降法，其核心的模型参数更新公式为

$$\boldsymbol{w}_{k+1} = \boldsymbol{w}_k - \eta_k \nabla J(\boldsymbol{w}_k) \tag{5-2-5}$$

其中 $\boldsymbol{w}_k$ 为第 k 轮迭代的模型参数，η_k 为第 k 轮迭代的学习率，$\nabla J(\boldsymbol{w})$ 为目标函数的梯度：

$$\nabla J(\boldsymbol{w}) = \frac{\partial J}{\partial \boldsymbol{w}} = \frac{1}{m} \sum_{i}^{m} (h(\boldsymbol{x}_i) - \boldsymbol{y}_i) \boldsymbol{x}_i \tag{5-2-6}$$

- 二阶优化器

二阶优化器基于二阶导数海森矩阵（Hessian Matrix），利用曲率信息来最小化目标函数。一阶优化器只利用了一阶梯度信息，与一阶优化器相比，二阶优化器的收敛速度更快。

经典的算法有牛顿法，其基本思想是在参数估计值 $\boldsymbol{w}_k$ 附近对目标函数做泰勒展开（忽略了高阶导数），进而找到下一个参数估计值：

$$J(\boldsymbol{w}) \approx \varphi(\boldsymbol{w}) = J(\boldsymbol{w}_k) + (\boldsymbol{w} - \boldsymbol{w}_k)^{\mathrm{T}} \nabla J(\boldsymbol{w}_k) + \frac{1}{2} (\boldsymbol{w} - \boldsymbol{w}_k)^{\mathrm{T}} \nabla^2 J(\boldsymbol{w}_k) (\boldsymbol{w} - \boldsymbol{w}_k) \tag{5-2-7}$$

其中，$\nabla^2 J(\boldsymbol{w})$ 是目标函数的海森矩阵。由于求解目标是最值，令：

$$\varphi'(\boldsymbol{w}) = 0 \tag{5-2-8}$$

即

$$\nabla J(\boldsymbol{w}_k) + \nabla^2 J(\boldsymbol{w}_k)(\boldsymbol{w} - \boldsymbol{w}_k) = 0 \qquad (5\text{-}2\text{-}9)$$

从而求得

$$\boldsymbol{w} = \boldsymbol{w}_k - (\nabla^2 J(\boldsymbol{w}_k))^{-1} \nabla J(\boldsymbol{w}_k) \qquad (5\text{-}2\text{-}10)$$

于是可以得到迭代公式（如式（5-2-11））：

$$\boldsymbol{w}_{k+1} = \boldsymbol{w}_k - \alpha_k (\nabla^2 J(\boldsymbol{w}_k))^{-1} \nabla J(\boldsymbol{w}_k) \qquad (5\text{-}2\text{-}11)$$

其中，α_k 为第 k 轮的参数更新步长，$-(\nabla^2 J(\boldsymbol{w}_k))^{-1} \nabla J(\boldsymbol{w}_k)$ 为第 k 轮的参数更新方向。运用牛顿法的主要难点在于求解海森逆矩阵的计算复杂度高，其复杂度为 $O(n^3)$。当大数据场景下的特征维度很高时，牛顿法难以应用。

为了降低计算复杂度，学术界提出了拟牛顿方法，经典的算法有 BFGS（Broyden Fletcher Goldfarb Shanno）算法[6]，其基本思想是通过迭代逼近海森逆矩阵，其核心迭代公式为式（5-2-12）

$$\boldsymbol{H}_{k+1} = (\boldsymbol{I} - \rho_k \boldsymbol{s}_k \boldsymbol{y}_k^{\mathrm{T}}) \boldsymbol{H}_k (\boldsymbol{I} - \rho_k \boldsymbol{y}_k \boldsymbol{s}_k^{\mathrm{T}}) + \rho_k \boldsymbol{s}_k \boldsymbol{s}_k^{\mathrm{T}} \qquad (5\text{-}2\text{-}12)$$

其中 $\boldsymbol{H}_k$ 是参数为 $\boldsymbol{w}_k$ 时海森逆矩阵 $(\nabla^2 J(\boldsymbol{w}_k))^{-1}$ 的近似矩阵，$\boldsymbol{s}_k = \boldsymbol{w}_{k+1} - \boldsymbol{w}_k$ 为参数差向量，$\boldsymbol{y}_k = \nabla J(\boldsymbol{w}_{k+1}) - \nabla J(\boldsymbol{w}_k)$ 为梯度差向量，标量 $\rho_k = \dfrac{1}{\boldsymbol{y}_k^{\mathrm{T}} \boldsymbol{s}_k}$，$\boldsymbol{I}$ 为 $n \times n$ 维单位矩阵。尽管 BFGS 算法的计算复杂度降到了 $O(n^2)$，但迭代计算仍需要存储近似海森逆矩阵 $\boldsymbol{H}_k$，内存开销为 $O(n^2)$。当大数据场景下的特征维度很高时，BFGS 算法仍然难以应用。

为了进一步降低内存开销和计算复杂度，学术界提出了 L-BFGS（Limited-memory BFGS）算法[7]，其基本思想是对 BFGS 算法做进一步近似，不再需要存储完整的近似海森逆矩阵 $\boldsymbol{H}_k$，仅需存储近期 m 轮的参数差向量序列 $\{\boldsymbol{s}_k\}$ 和梯度差向量序列 $\{\boldsymbol{y}_k\}$，这使得内存开销均降到了 $O(mn)$，并通过两步循环法（Two-loop Recursion）将计算复杂度也降到了 $O(mn)$。

L-BFGS 由于保留了二阶优化器的快速收敛特性，且具有相对较低的计算复杂度和内存开销，因此在大数据场景下被广泛应用。鲲鹏 BoostKit 机器学习算法加速库采用 L-BFGS 算法去求解逻辑回归问题，并对 L-BFGS 算法的方向计算和步长计算做了进一步优化。

图 5-8 给出了 L-BFGS 算法的求解流程。其中，除基于二阶信息进行优化方向和步长的计算外，L-BFGS 流程与 3.2 节介绍的梯度下降法一致。接下来，将详细介绍方向计算和步长计算这两个核心步骤。

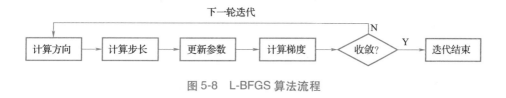

图 5-8 L-BFGS 算法流程

1. 方向计算

L-BFGS 算法通过近似计算得到 $\boldsymbol{H}_k$ 用以代替真实的海森逆矩阵 $(\nabla^2 J(\boldsymbol{w}_k))^{-1}$，则第 k 轮的参数更新方向为

$$\boldsymbol{d}_k = -\boldsymbol{H}_k \nabla J(\boldsymbol{w}_k) \tag{5-2-13}$$

学术界提出了两步循环法用于高效计算优化方向，该方法可以直接求得 $\boldsymbol{H}_k \nabla J(\boldsymbol{w}_k)$，而不用先计算 $\boldsymbol{H}_k$ 再计算 $\boldsymbol{d}_k$，其伪代码如下：

算法 5-2-1　TwoLoopRecursion

输入：第 k 轮迭代时的梯度 $\nabla J(\boldsymbol{w}_k)$，参数差序列 $\{\boldsymbol{s}_i\}_{i=k-m}^{i=k-1}$，梯度差序列 $\{\boldsymbol{y}_i\}_{i=k-m}^{i=k-1}$；
　　　$\boldsymbol{H}_k$ 的初始估计值 $\boldsymbol{H}_k^0$.

过程：
1. $\boldsymbol{q} \leftarrow \nabla J(\boldsymbol{w}_k)$；
2. **for** $i = k-1, k-2, \cdots, k-m$
3. 　　$\alpha_i \leftarrow \rho_i \boldsymbol{s}_i^{\mathrm{T}} \boldsymbol{q}$；
4. 　　$\boldsymbol{q} \leftarrow \boldsymbol{q} - \alpha_i \boldsymbol{y}_i$；
5. **end for**
6. $\boldsymbol{r} \leftarrow \boldsymbol{H}_k^0 \boldsymbol{q}$；
7. **for** $i = k-m, k-m+1, \cdots, k-1$
8. 　　$\boldsymbol{\beta} \leftarrow \rho_i \boldsymbol{y}_i^{\mathrm{T}} \boldsymbol{r}$；
9. 　　$\boldsymbol{r} \leftarrow \boldsymbol{r} + \boldsymbol{s}_i (\alpha_i - \boldsymbol{\beta})$；
10. **end for**
输出：第 k 轮参数更新方向 $\boldsymbol{d}_k = -\boldsymbol{H}_k \nabla J(\boldsymbol{w}_k) = -\boldsymbol{r}$

在对海森逆矩阵近似计算的过程中，其初始估计值 $\boldsymbol{H}_k^0$ 准确与否将直接影响优化器方向的准确性。方向越准，优化器收敛速度越快，迭代轮次越少，性能越高。原生 L-BFGS 算法中，近似海森逆矩阵的初始估计值 $\boldsymbol{H}_k^0 = \dfrac{\boldsymbol{s}_{k-1}^{\mathrm{T}} \boldsymbol{y}_{k-1}}{\boldsymbol{y}_{k-1}^{\mathrm{T}} \boldsymbol{y}_{k-1}}$，只考虑了上一轮的梯度差和参数差。实际上，它也存储了近期 m 轮的梯度差和参数差。鉴于此，在鲲鹏环境中，我们采用近期 m 轮的全量信息对初始值进行更加准确的估计。

2. 步长计算

步长的计算也是一个优化问题：

$$\boldsymbol{\alpha}_k^* = \underset{\boldsymbol{\alpha}}{\mathrm{argmin}}\, \phi(\boldsymbol{\alpha}) = \underset{\boldsymbol{\alpha}}{\mathrm{argmin}}\, J(\boldsymbol{w}_k + \boldsymbol{\alpha} \boldsymbol{d}_k) \qquad (5\text{-}2\text{-}14)$$

且该优化问题存在约束要求 $\boldsymbol{\alpha} > 0$。

一般来说，精确求解出最优步长 $\boldsymbol{\alpha}_k^*$ 需要对其目标函数和梯度进行多次计算，这种方法的计算代价太大导致难以应用。L-BFGS 算法采用了非精确求解方法线搜索（Line Search），并选取了 Strong Wolfe 条件作为搜索终止条件：

$$\begin{cases} J(\boldsymbol{w}_k + \boldsymbol{\alpha}_k \boldsymbol{d}_k) \leqslant J(\boldsymbol{w}_k) + c_1 \boldsymbol{\alpha}_k \nabla J(\boldsymbol{w}_k)^{\mathrm{T}} \boldsymbol{d}_k \\ \left| \nabla J(\boldsymbol{w}_k + \boldsymbol{\alpha}_k \boldsymbol{d}_k)^{\mathrm{T}} \boldsymbol{d}_k \right| \leqslant c_2 \left| \nabla J(\boldsymbol{w}_k)^{\mathrm{T}} \boldsymbol{d}_k \right| \end{cases} \qquad (5\text{-}2\text{-}15)$$

其中，$0 < c_1 < c_2 < 1$。L-BFGS 以尽可能小的计算代价求解出次优的步长 $\boldsymbol{\alpha}_k$（$\boldsymbol{\alpha}_k$ 被限制在极小值的邻域中），且 $\boldsymbol{\alpha}_k$ 使得目标函数值能够充分下降。线搜索的伪代码如下：

算法 5-2-2　LineSearch

输入：第 k 轮迭代时的参数 $\boldsymbol{w}_k$、梯度 $\nabla J(\boldsymbol{w}_k)$、参数更新方向 $\boldsymbol{d}_k$； 　　　目标函数 $\phi(\boldsymbol{\alpha}) = J(\boldsymbol{w}_k + \boldsymbol{\alpha} \boldsymbol{d}_k)$，目标函数梯度 $\phi'(\boldsymbol{\alpha})$.

过程：

1. $\boldsymbol{\alpha}_0 \leftarrow 0$，选取 $\boldsymbol{\alpha}_{\max} > 0$ 和 $\boldsymbol{\alpha}_1 \in (0, \boldsymbol{\alpha}_{\max})$；
2. $i \leftarrow 1$；
3. **repeat**
4. 　　计算 $\phi(\boldsymbol{\alpha}_i)$；
5. 　　**if** $\phi(\boldsymbol{\alpha}_i) > \phi(0) + c_1 \boldsymbol{\alpha}_i \phi'(0)$ 或 $[\phi(\boldsymbol{\alpha}_i) \geqslant \phi(\boldsymbol{\alpha}_{i-1})$ 且 $i > 1]$ **then**
6. 　　　　$\boldsymbol{\alpha}_* \leftarrow \text{Zoom}\,(\boldsymbol{\alpha}_{i-1},\ \boldsymbol{\alpha}_i)$；**return**
7. 　　**end if**

8.   计算 $\phi'(\alpha_i)$；

9.   **if** $\left|\phi'(\alpha_i)\right| \leqslant -c_2\phi'(0)$ **then**

10. $\alpha_* \leftarrow \alpha_i$；**return**

11.   **end if**

12.   **if** $\phi'(\alpha_i)\geqslant 0$ **then**

13. $\alpha_* \leftarrow$ **Zoom**(α_i, α_{i-1})；**return**

14.   **end if**

15.   选取 $\alpha_{i+1} \in (\alpha_i, \alpha_{\max})$；

16. $i \leftarrow i+1$；

17. **end repeat**

输出：第 k 轮参数更新步长 $\alpha_k = \alpha_*$。

在线搜索采用了 Zoom 步长选择方法，其伪代码为：

算法 5-2-3   Zoom

输入：目标函数 $\phi(\alpha)$ 和目标函数梯度 $\phi'(\alpha)$.

过程：

1. **repeat**

2.   在 $(\alpha_{lo}, \alpha_{hi})$ 范围内使用（二次、三次或二分）差值法选择步长 α_j；

3.   计算 $\phi(\alpha_j)$；

4.   **if** $\phi(\alpha_j)>\phi(0)+c_1\alpha_j\phi'(0)$ 或 $\phi(\alpha_j)\geqslant\phi(\alpha_{lo})$ **then**

5. $\alpha_{hi} \leftarrow \alpha_j$；

6.   **else**

7.   计算 $\phi'(\alpha_j)$；

8.   **if** $\left|\phi'(\alpha_j)\right| \leqslant -c_2\phi'(0)$ **then**

9. $\alpha_* \leftarrow \alpha_j$；**return**

10.   **end if**

11.   **if** $\phi'(\alpha_j)(\alpha_{hi}-\alpha_{lo})\geqslant 0$ **then**

12. $\alpha_{hi} \leftarrow \alpha_{lo}$；

13.   **end if**

14. $\alpha_{lo} \leftarrow \alpha_j$；

15. **end repeat**

输出：步长 α_*。

在线搜索步长的过程中，算法会对搜索出的步长进行 Strong Wolfe 条件检验，如不满足条件，则会再次搜索，这就导致在一轮迭代过程中可能会发生多次线搜索。每一次线搜索都需要计算一次梯度和目标函数值，而计算梯度和目标函数值都要使用全量数据。因此，在大数据场景下，计算梯度和目标函数值成为每一轮迭代计算的性能热点。鉴于此，在鲲鹏环境中，我们同样采用非精确求解方法，但通过对步长计算的目标函数进行近似，在保证足够精度的前提下，使得算法能够直接求解出近似最优的步长，从而保证每一轮迭代计算只需计算一次梯度和损失值。综上所述，鲲鹏 BoostKit 机器学习算法加速库通过优化方向计算和步长计算，极大地降低了优化求解算法的迭代轮次、梯度以及目标函数值的计算轮次。

5.2.3 分布式实现

实际上，分布式逻辑回归算法就是在最小化逻辑回归目标函数的过程中，针对梯度方向计算和目标函数值计算做了分布式处理。结合前面的分析，逻辑回归的分布式实现的伪代码总结如下：

算法 5-2-4　DistributedLogisticRegression

输入：训练样本集（分布式存储于各分区），分区数 P.

过程：

1. 初始化模型参数 w_0 为全零向量
2. **repeat**
3.   计算方向：调用 TwoLoopRecursion，生成方向 d_k
4.   计算步长：调用 LineSearch，生成步长 α_k
5.   更新模型参数：$w_{k+1} = w_k + \alpha_k d_k$
6.   分布式计算模型参数为 w_{k+1} 时的梯度 $\nabla J(w_{k+1})$ 和目标函数值 $J(w_{k+1})$：
7.   **distributed for** $p = 1, 2, \cdots, P$
8.   对分区 p 中每条样本计算其梯度（式(5-2-6)）和目标函数值（式(5-2-3)）
9.   将分区 p 中所有样本的梯度和目标函数值分别进行合并
10.   **end distributed for**
11.   聚合 P 个分区的梯度和目标函数值，得到 sumGrad、sumObj
12.   梯度结果 $\nabla J(w_{k+1}) = \text{sumGrad}/m$
13.   目标函数值结果 $J(w_{k+1}) = \text{sumObj}/m$
14.   计算本轮的参数差和梯度差：$s_k = w_{k+1} - w_k$，$y_k = \nabla J(w_{k+1}) - \nabla J(w_k)$
15.   只保留近期 m 轮的参数差和梯度差，不再存储 s_{k-m} 和 y_{k-m}
16. $k = k+1$
17. **until** 满足收敛条件

输出：模型最优参数 w_*.

根据逻辑回归的分布式实现可以看出，其性能瓶颈在于梯度和目标函数值的分布式计算，鲲鹏 BoostKit 机器学习算法加速库结合鲲鹏芯片的特性可以高效完成梯度和目标函数值的分布式计算。

从数据并行的角度来考虑其分布式实现，根据逻辑回归的梯度和目标函数公式可知，对于训练数据集中的每一条样本，它的梯度和目标函数值只与模型参数和该样本本身有关。这样可以将算法步骤中的梯度和目标函数值计算拆解到每条样本，从而可以很容易地做到数据间的高度并行计算，并且能够充分利用鲲鹏芯片的每一个逻辑核，充分发挥出鲲鹏多核的优势。

在算法的分布式实现时，如果希望算法有比较高的性能，就必须尽量减少程序访存数据所花费的时间。由于梯度和目标函数的计算主要对特征向量和参数向量对应位置的元素进行乘积（element-wise product），因此这种顺序读写数组的操作局部性很高，可以发挥出鲲鹏 cache 大的优势，从而有效提升计算效率。

5.2.4 鲲鹏 BoostKit 算法 API 介绍

1. 算法参数介绍

在鲲鹏 BoostKit 算法库的逻辑回归实现中，模型被封装为 ML API 类模型接口，其核心是使用 fit 方法，根据输入的训练样本集，输出给定参数下拟合样本数据的逻辑回归模型。在这里对关键算法参数做简要介绍，如表 5-2 所示。

表 5-2　逻辑回归算法参数

参数名称	参数类型	参数说明	默认值
regParam	Double	正则化惩罚程度参数	0
elasticNetParam	Double	弹性网络调整参数，若为 0 则表示 L2 惩罚，若为 1 则表示 L1 惩罚	0
maxIter	Int	最大迭代次数	100
tol	Double	迭代算法的收敛容忍系数	1e-6
fitIntercept	Boolean	模型是否带偏置项	true

参数名称	参数类型	参数说明	默认值
family	String	是否采用多分类逻辑回归	auto
standardization	Boolean	是否对训练数据集做标准化	true
threshold	Double	二分类的概率阈值	0.5
weightCol	String	设置训练数据集的权重列	空
thresholds	Array［Double］	多分类的概率阈值	空
aggregationDepth	Int	treeAggregate 算子的汇聚深度	2
lowerBoundsOnCoefficients	Matrix	模型权重参数的下限	空
upperBoundsOnCoefficients	Matrix	模型权重参数的上限	空
lowerBoundsOnIntercepts	Vector	模型偏置参数的下限	空
upperBoundsOnIntercepts	Vector	模型偏置参数的上限	空

2. 使用示例

（1）创建算法实例

如以下示例所示，传入逻辑回归的相关参数（具体的算法参数同前文所述）可以构建出逻辑回归模型。在默认情况下，lr 为二分类逻辑回归，如 lr 所示；多分类问题可以在模型设置上通过 setFamily 将其设置为多分类逻辑回归，即 mlr。

```
// 二项逻辑回归模型
val lr =new LogisticRegression()
    .setMaxIter(10)
    .setRegParam(0.3)
    .setElasticNetParam(0.8)

// 多分类逻辑回归模型
val mlr =new LogisticRegression()
    .setMaxIter(10)
    .setRegParam(0.3)
    .setElasticNetParam(0.8)
    .setFamily("multinomial")
```

（2）模型训练

Fit 方法可以根据参数返回 LogisticRegressionModel 类。

```
// 二分类逻辑回归模型训练
val lrModel = lr.fit(trainingData1)
```

```
// 多分类逻辑回归模型训练
val mlrModel = mlr.fit(trainingData2)
```

（3）模型评测

基于拟合的逻辑回归模型得到相应的 predictions，可以通过调用 Multi-classClassificationEvaluator 评估模型，本样例采用准确率来评估模型的效果，如下所示：

```
val predictions = model.transform(testingData)
val evaluator = new MulticlassClassificationEvaluator()
    .setLabelCol("label")
    .setPredictionCol("prediction")
    .setMetricName("accuracy")
val accuracy = evaluator.evaluate(predictions)
println("Accuracy = " accuracy)
```

最终的输出如下所示：

```
Accuracy = 0.9425757718703855
```

5.3 随机森林

随机森林是以决策树为基学习器的集成模型，它通过组合大量的决策树来降低过拟合的风险，具有很好的预测性能和泛化能力，是机器学习中用于分类和回归任务最成功的模型之一。

实际应用中的数据规模往往很庞大，需要使用计算机集群以分布式的方式训练随机森林。然而，分布式环境下训练随机森林存在并行度不高和通信成本大的问题，这导致训练效率非常低。为此，鲲鹏 BoostKit 机器学习算法加速库对该算法实现更关注如何提高分布式训练的性能，从而在大数据集上更高效地训练模型。

本节首先简要回顾随机森林的构造过程，然后介绍鲲鹏 BoostKit 机器学习算法加速库中对随机森林算法所做的优化，最后介绍随机森林算法示例。

5.3.1　随机森林基础回顾

随机森林算法通过集成学习的思想将多个决策树集成在一起。各个决策树在训练过程中相互独立，随机森林算法对多个决策树的结果进行投票选择或均值计算得到最终结果，这也是最简单的 Bagging 思想。下面快速回顾一下随机森林的构造过程：

1）假设训练集样本数为 m。通过有放回地随机选择 m 个样本，用得到的这 m 个样本来训练一棵决策树。

2）如果训练集有 n 个特征，则指定一个常数 $n_s<<n$，以便在每次分裂时，都能从 n 个特征中随机选出 n_s 个，然后从选出的该 n_s 个特征中选择最佳分割点。

3）决策树形成过程中每个结点均按照步骤 2）来分裂，重复步骤 2），直到满足停止条件。

4）通过步骤 1）到步骤 3）构造设定数量的决策树，然后汇总这些决策树以预测新数据（对分类问题进行投票选择，对回归问题进行均值计算）。

5.3.2　随机森林分布式实现与优化

本节主要介绍鲲鹏 BoostKit 机器学习算法加速库中随机森林的分布式实现和优化。

5.3.2.1　数据并行

由于实际训练中内存的容量是有限的，因此当训练数据集越来越大时，在单机上直接将所有数据载入内存并不现实。在主流商业应用中，一种常见的解决方

　基于鲲鹏的大数据挖掘算法实战

案是将整个训练数据集分割为多个小批次数据（分区），然后在各个分区上分别计算，最后通过汇总得到全部数据的计算结果。从定义的角度看，数据并行指的是每个分区包含不同的数据，并行地对每个分区进行计算，然后将所有分区的计算结果按照某种方式合并。关于数据并行的详细介绍可参考 2.1 节内容。

数据并行是目前使用最广泛的并行化策略，其优点是并行化计算逻辑易于实现，并且并行规模容易扩展。然而数据并行的一个缺点是当分区数过大时，其性能会随分区数提升而下降，原因是每次分布式计算完成后，都需要进行结果汇总，然而随着分区数的增加，分区间同步和通信开销会随之增长。

1. 数据并行优化策略

基于数据并行的思想可采用如下优化策略：

1）特征候选分割点抽样统计。此优化主要针对连续型特征。决策树在对连续变量进行分割点选择时一般是先对特征值进行排序，然后选取相邻两个数据之间的点作为分割点。如果在 RDD 上执行该操作，不可避免地会使用 Shuffle，而此过程会带来大量的通信开销。Spark 中的随机森林在训练之前，会先对样本进行抽样，提取全部特征的候选分割点。针对连续型特征，此优化策略会根据样本特征值排序结果，抽取指定数量的候选分割点。

2）特征分箱（Binning）。决策树的构建过程就是对特征的取值不断进行划分的过程。对于离散的特征，如果有 M 个值，则最多有 $2^{(M-1)}-1$ 种划分方式。对于连续型特征，Spark 采用步骤 1）中得到的候选分割点对特征进行分箱，并将样本的原始特征值替换为分箱索引，完成特征分箱。

3）逐层构建结点。Spark 采用逐层构建树结点（本质上是广度优先）的方式构造决策树，这样同步和通信中间结果的次数为 $O(D)$，其中 D 为树的最大深度。而如果采用在单机实现中常用的深度优先构造方式，则同步和通信中间结果的次数为 $O(2^D)$。

基于以上优化策略的数据并行算法流程示意图如图 5-9 所示。

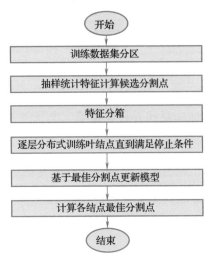

图 5-9　数据并行算法流程示意图

2. 算法步骤

假设要对如图 5-10 所示的决策树进行训练，将训练样本分成 3 个分区（part1～part3），执行任务为 Task1～Task3（Task1 用白色表示，Task2 用彩色表示，Task3 用带有斜划线的白底表示），即 Task1～3 会基于各自分区的数据并行训练相同结点。基于数据并行的逐层分批训练过程如下。

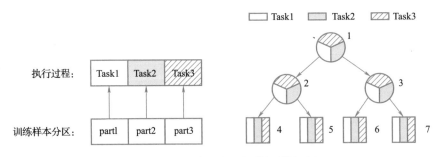

图 5-10　随机森林的数据并行训练过程

1）同时运行 Task1～3，训练结点 1。

2）同时运行 Task1～3，训练结点 2、3。

3）同时运行 Task1～3，训练结点 4、5、6、7。

　　　　　　　　　　　　　　　基于鲲鹏的大数据挖掘算法实战

数据并行训练（Data Parallel Training）的伪代码如算法 5-3-1 所示，其中输入为训练样本 X（以 RDD 格式存储并按行分区）和待训练结点队列 DistributedQueue。line1 中 FindSplitCandidates 基于抽样统计对特征进行分箱操作，返回每个特征的分割点候选集。在每一次迭代过程中，line4 中所有计算节点会从各自待训练分布式结点队列 DistributedQueue 中取出当前层的结点，然后在 line5 开始分布式计算最佳分割点，最后从所有分割点中选出最优分割点并更新模型，line8 和 line9 使用 HandleSplit 判断分裂后的左右子结点是否满足停止分裂条件，若是则直接记为叶结点并返回；若否，则将子结点再添加至分布式结点队列训练。line10 中 UpdateNodeIdCache 会更新树中分裂结点的数据索引。

算法 5-3-1　Data Parallel Training

输入：训练样本 $X = \{(\boldsymbol{x}_1, \boldsymbol{y}_1), \cdots, (\boldsymbol{x}_m, \boldsymbol{y}_m)\}$，格式 RDD.
　　　　待训练分布式结点队列 DistributedQueue $= \{(\text{TreeId}, \text{Node}), \cdots\}$.

过程：
1：基于抽样统计返回每个特征的候选分割点 Splits = FindSplitCandidates(X)
2：将所有树的根结点添加至分布式结点队列 DistributedQueue
3：**repeat**
4：　　各计算节点取出当前层结点：Nodes = SelectNodesToSplit(DistributedQueue)
5：　　分布式计算每个结点的最佳分割点 BestSplits = FindBestSplits(Splits, Nodes)
6：　　**for**(TreeId, N, S, D_L, D_R) inBestSplits **do**
7：　　　　更新结点分割点信息：$N \rightarrow \text{Split} = S$
8：　　　　检查左子结点是否可继续分裂：$N \rightarrow \text{Left} = \text{HandleSplit}(D_L, \text{TreeId})$
9：　　　　检查右子结点是否可继续分裂：$N \rightarrow \text{Right} = \text{HandleSplit}(D_R, \text{TreeId})$
10：　　　　更新分裂后的结点 id 缓存：UpdateNodeIdCache(TreeId, N, S)
11：　　**end for**
12：**until** 分布式结点队列 DistributedQueue 为空
输出：随机森林模型

算法 5-3-2　HandleSplit

输入：训练样本 X，格式 RDD.

过程：
1：**if** 当前叶结点样本 X 满足分裂停止条件 **or** 样本 X 只包含一种类别 **then**
2：　　初始化叶子结点：$N = \text{new LearningLeafNode}$

```
3: else
4:     初始化结点：N = new LearningNode
5:     DistributedQueue→Push((TreeId, N))
6: end if
7: return N
输出：结点
```

3. 算法分析

从训练过程不难看出，基于数据并行的随机森林算法的计算并行度取决于数据分区数和最大任务数。一般来说，并行任务的计算量比较均衡，不易发生长尾问题。然而随着决策树树深的增大，同一树深的树结点数会呈指数增长。由于通信量与并行度呈线性关系，因此当树深增大到一定程度时，若再增加并行度，则过大的通信量会引发内存不足、通信等待等问题，导致性能恶化；若保持较低的并行度，则会导致部分 CPU 线程空闲，无法充分发挥鲲鹏的多核优势。

实测发现，随着树深增大，若继续提高并行度，则网络通信量和 Java GC 时间均会增加，此时提高并行度反而会增加训练用时。

5.3.2.2 模型并行

随机森林采用的数据并行的训练方式存在通信开销大的问题，采用模型并行训练可以克服以上问题。

相较于数据并行，模型并行聚焦于解决庞大模型的计算机资源分配问题，关于模型并行的解释可参考 2.1 节内容。当随机森林包含了数量较多的决策树，且决策树本身包含的结点数也较多，导致无法直接将模型载入一个机器中进行训练时，模型并行方案会将树结点分成若干份，并分配到不同的机器上进行计算，最后根据模型设计将各个机器的计算结果按照顺序串行输出最终的结果。

可以直观地看出，模型并行的方案在一定程度上可以保证计算的精确度，同时在各个机器上设置的并发操作可以加快训练过程，该方案相对来说更适用于计算量较小但参数量较大的场景。当计算量较大时，模型并行方案无法实现高效计算，此外模型并行训练需要仔细拆分模型，并且还要考虑到通信激活等开销，这样才能最大限度地实现加速优化，否则容易出现机器空闲等算力浪费问题。

1. 算法介绍

基于模型并行的随机森林训练过程分为分布式训练和本地训练两个阶段。第一个阶段利用"数据并行"的方式训练模型，并将所含样本数足够少的结点进行标记，直到待训练分布式队列为空，则开始第二阶段训练。第二个阶段进行局部子树训练（本地训练），此时各个机器会针对标记过的树结点开始并行训练，从而实现模型并行。模型并行训练流程示意图如图 5-11 所示：

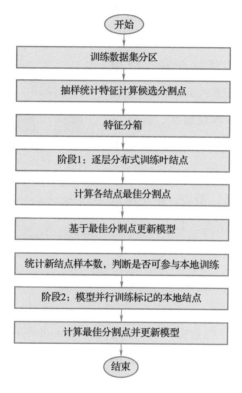

图 5-11　模型并行训练示意图

引入本地训练主要有两个优势：

1）极大地降低了算法的通信成本，从而加快了训练过程。

如上文分析，采用数据并行的随机森林训练算法通信量非常大，通信开销随任务数、分箱数和类别数增大而增大。相比之下，使用本地训练的通信成本仅与标记的结点数有关，此时通信开销不再成为性能瓶颈，可以加速训练。

2）能够训练更深的树，从而提高模型的准确性。

由于本地训练算法极大地降低了通信开销，使得决策树的最大树深在一定程度上可以放宽限制，树深增加可以显著提高随机森林模型的准确性。

2. 算法步骤

假设启动两个 Task（Task1 用深色表示，Task2 用浅色表示）对如图 5-12 所示的决策树进行训练，整个训练过程分为两个阶段：

1）决策树训练的第一阶段，沿用5.3.2.1 节中的数据并行方式训练树结点 1，假设结点 2~3 包含的样本足够少，此时可将结点 1 下的子树结点进行标记并存放至本地队列，用于第二阶段训练。

2）决策树训练的第二阶段，使用本地训练方式训练剩余的树结点，Task1 训练结点 2、4、5；Task2 训练结点 3、6、7、8、

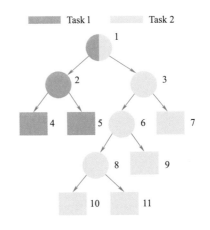

图 5-12　随机森林的模型并行训练过程

9、10、11。Task1 和 Task2 分别将树结点 2 和树结点 3 下游的完整子树一次性训练完成。

模型并行的第一阶段与数据并行的区别在于 HandleSplit 函数中引入了本地队列 LocalQueue，模型并行 HandleSplit 伪代码如算法 5-3-3 所示，算法在 line1 首先判断当前结点包含的训练样本 X 是否满足停止分裂的条件，若满足条件则返回当前叶结点；否则，line5 会进一步判断当前结点样本数是否小于设定阈值，若是则在 line6 标记该结点并添加至本地队列用于第二阶段的训练；否则将该结点添加至分布式队列继续在第一阶段训练。

算法 5-3-3　HandleSplit

输入：训练样本 X，格式 RDD.

过程：

1：**if** 当前叶结点样本 X 满足分裂停止条件 or 样本 X 只包含一种类别 **then**

2：　　返回当前叶结点：**return** new LearningLeafNode

3：**else**

4：　　初始化结点：N = new LearningNode

5：　　**if** 样本 X 所包含的样本数 < 设定阈值 **then**

6：　　　　将当前结点 N 添加至本地队列：LocalQueue->Push((TreeId, N))

7：　　**else**

8：　　　　当前结点 N 添加至分布式队列：DistributedQueue->Push((TreeId, N))

9：　　**end if**

10：　　返回结点 N：**return** N

11：**end if**

输出：叶结点

第二阶段本地训练（Local Training）的伪代码如算法 5-3-4 所示，line1 首先遍历随机森林中的每颗树，line2 过滤得到每棵树对应的标记结点 TreeNodes，然后一直从 TreeNodes 中取出批量结点 Batch 开始本地训练直到 TreeNodes 为空，完成本地训练后再更新标记结点与整个模型的关系，从而完成第二阶段训练。

算法 5-3-4　LocalTraining

输入：训练样本 X，格式 RDD. 本地队列 LocalQueue = {(TreeId, Node)，…} .

过程：

1：**for** CurrentTree in(1,…,NumTrees) **do**

2：　　获取当前树的本地结点：TreeNodes = LocalQueue->filter(TreeId == CurrentTree)

3：　　**repeat**

4：　　　　从树结点中取出批量结点：Batch = TreeNodes->take(BatchSize)

5：　　　　获取批量结点的样本：Partitions = FilterAndPartitionData(X, Batch)

6：　　　　批量结点开始本地训练：CompletedNodes = RunLocalTraining(Partitions)

7：　　　　更新训练完的结点与父结点连接关系：UpdateParents (CompletedNodes)

8：　　**until** 树结点 TreeNodes 为空

9：**end for**

输出：随机森林模型

---

3. 算法分析

通过上面的分析不难看出，本地训练算法的计算并行度最高，可以等于待训练的树结点个数。在树训练的中后期，本地训练算法能达到比较高的并行度，而且由于子树训练的过程中不需要网络通信，因此可极大减小网络通信带来的时间开销。但是，由于不同树结点的深度各不相同，并行任务的计算量有差异，这容易导致长尾问题，此时无法充分发挥鲲鹏多核的算力优势，造成了算力浪费。

5.3.2.3 自适应模型并行

由上述分析可知，仅通过数据并行或模型并行的方式进行模型训练无法完全解决大数据集训练所存在的问题。在实际应用中，我们可以选择一种更为灵活的策略，即通过自适应模型并行训练的方式。

1. 算法介绍

具体来说，自适应模型并行可以在模型训练过程中根据树结点数量，灵活切换训练模式：当结点数较少时，直接使用"数据并行"的训练方式，此时通信开销在可接受范围内，训练速度较快，训练过程在此不做重复介绍；当结点数较多时，由于通信会成为"数据并行"训练方式的性能瓶颈，此时可采用类似"模型并行"的训练方式。图 5-13 直观地展示了自适应模型并行训练在结点数较多时的训练过程，其中 Task1 用深色表示，Task2 用浅色表示。

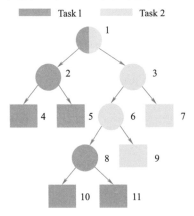

图 5-13 随机森林的自适应模型并行训练过程

假设要对上图所示的决策树进行自适应模型并行训练，则将训练数据分成 2 个分区，执行任务为 Task1 与 Task2。具体训练过程如下：

1) 数据并行：Task1 和 Task2 同时训练结点 1。

2) 模型并行：Task1 训练结点 2、4、5，Task2 训练结点 3、6、7。

3) 模型并行：Task1 训练结点 8、10、11，Task2 训练结点 9。

通过对比 5.3.3 小节的模型并行训练过程可知，自适应模型并行训练为了减轻长尾效应，在步骤 3) 训练结点 8~11 时再次利用模型并行策略，将结点分配到两个 Task 中分别计算，此时可充分利用计算资源，加速训练过程。

2. 算法步骤

当结点数较多时，自适应模型并行训练流程示意图如图 5-14 所示，自适应模

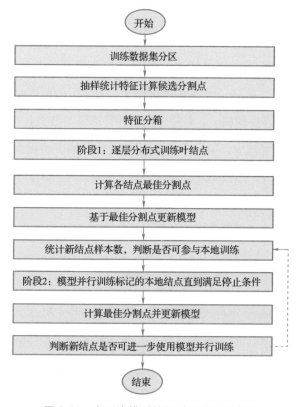

图 5-14　自适应模型并行训练流程示意图

型并行训练在第二阶段会充分利用闲置的计算资源，将本地队列的结点再次分配到不同 Task 中进行训练，而模型并行在第二阶段不会考虑长尾效应带来的性能恶化。由于自适应模型并行训练整体过程与模型并行相似，因此以下只做简要介绍，不做重复展开：

（1）数据并行训练

按照数据并行的方式训练模型，并将样本数小于设定阈值的结点添加至本地队列，用于第二阶段训练。

（2）模型并行训练

按照模型并行的方式训练本地队列的结点，同时考虑到长尾效应，结合当前计算资源，判断新分裂的左右子结点是否可进一步分配到不同 Task 中进行计算。

3. 算法分析

自适应模型并行训练可以灵活选择最适合当前模型的并行方式，结合数据并行和模型并行的优势，提高了计算并行化程度，加速了随机森林的训练过程。具体分析来说，当训练同样一棵树时，自适应模型并行训练与数据并行方式相比，每一个 Task 训练的结点数大幅减少，单个 Task 训练结点数的减少将极大降低同步和通信开销，从而加速训练过程；与模型并行相比，每个节点所承担的计算量更为均衡，这可以在一定程度上减轻长尾效应，使得采用模型并行导致的计算资源闲置问题也得以改善，从而充分发挥鲲鹏处理器的多核计算优势，实现高效加速应用。

5.3.3 鲲鹏 BoostKit 算法 API 介绍

基于上述算法分析与分布式实现步骤，鲲鹏 BoostKit 机器学习算法加速库中分别实现了用于分类和回归的随机森林模型，分别封装为 ML Classification API 和 ML Regression API 两大类模型接口。其核心是使用 fit 方法，根据输入的 Dataset 格式的样本数据，输出给定参数下拟合样本数据的随机森林模型。在这里首先对随机森林的关键算法参数做简要介绍。

基于鲲鹏的大数据挖掘算法实战

1. 算法参数

随机森林原生关键算法参数如表 5-3 所示。

表 5-3　随机森林原生关键算法参数简介

参数名称	参数类型	参数说明	默认值
MaxBins	Int	表示每棵树特征划分的最大分箱数，值越大越接近精确求解，但训练耗时也随之增加	32
MaxDepth	Int	表示每棵树的最大树深，树深越大越容易过拟合	5
MinInfoGain	Double	表示最小信息增益	0.0
MinInstancesPerNode	Int	表示分裂一个内部结点所需的最小样本数	1
numFeaturesOptFindSplits	Int	表示启动高维特征切分点搜索优化的维度阈值，当数据集的特征维度高于该值时，会触发高维特征切分点搜索的优化	8196

除了上述原生随机森林中自带的参数外，鲲鹏 BoostKit 机器学习算法加速库新增了如下参数（如表 5-4 所示），以进一步提高随机森林的分布式训练性能：

表 5-4　随机森林新增关键算法参数简介

参数名称	参数类型	参数说明	默认值
FeaturesType	String	表示训练样本数据中特征的存储格式，取值为［array, fasthashmap］，特征维度高时建议设置为 fasthashmap	array
numCopiesInput	Int	表示训练数据的副本数量，建议设置为 5~10	1

2. 使用示例

（1）创建算法实例

如下所示，传入随机森林的相关参数（具体的算法参数同前文所述）可以构建出随机森林模型。

```
val rf =new RandomForestClassifier()
    .setLabelCol("indexedLabel")
    .setFeaturesCol("indexedFeatures")
    .setNumTrees(10)
    .setFeaturesType("array")
    .setMaxBins(128)
    .setMaxDepth(8)
    .setnumCopiesInput(5)
```

（2）模型训练

将训练数据集 data 按照 0.7∶0.3 的比例拆分成 trainData 和 testData，然后使用 fit 方法拟合 trainData 获得训练好的随机森林模型。

```
val Array(trainData,testData) = data.randomSplit(Array(0.7,0.3))
val model = rf.fit(trainData)
```

（3）模型评测

基于训练好的随机森林模型预测 testData 得到相应的 predictions，以下示例中采用准确率（Accuracy）来评估模型求解的准确程度，最终输出测试误差，使用样例如下所示：

```
val predictions = model.transform(testData)
val evaluator = new MulticlassClassificationEvaluator()
    .setLabelCol("indexedLabel")
    .setPredictionCol("prediction")
    .setMetricName("accuracy")
val accuracy = evaluator.evaluate(predictions)
println(s"Test Error = ${(1.0 - accuracy)}")
```

最终测试误差如下：

```
Test Error = 0.0647663274380001
```

5.4 XGBoost

XGBoost 是基于 GBDT 改进的一种 Boosting 算法。相比传统的 GBDT 算法，XG-Boost 对损失函数进行了二阶泰勒展开，收敛速度更快，精度更高。在模型训练过程中，XGBoost 将损失函数的具体形式和模型优化过程分开，可以按需选择具体的损失函数。该算法允许在构建决策树时使用剪枝等策略来防止过拟合，同时在损失函数中考虑了正则项，以便控制模型复杂度。基于以上的算法设计，XGBoost 相

基于鲲鹏的大数据挖掘算法实战

比传统的 GBDT 算法具有泛化能力更好、精度更高、灵活性更强的特点，这使其在分类和回归等问题场景中得以广泛应用。

现实应用中往往存在大规模数据无法一次载入内存的问题，这时分布式实现 XGBoost 就显得尤为重要。在本节中，鲲鹏 BoostKit 机器学习算法加速库将聚焦 XGBoost 的分布式实现，以及如何与鲲鹏处理器的特点结合，从而进一步提升 XG-Boost 的并行实现性能。

5.4.1 XGBoost 的基础回顾

在前文 3.8 节中，我们已经了解到 XGBoost 是以 CART 树中的回归树作为基学习器，再由多个基学习器组成的一个集成模型，其主要思想是通过将前 $k-1$ 棵树组合而成的模型进行预测产生的误差作为参考进行下一棵树（第 k 棵树）的建立。XGBoost 的目标函数为

$$\mathrm{Obj}_k = \sum_{i=1}^{m} L(y_i, \ \hat{y}_i^k) + \sum_{r=1}^{k} \Omega(f_r) \tag{5-4-1}$$

其中 $L(y_i, \ \hat{y}_i^k)$ 表示组合 k 棵树模型对样本 $\boldsymbol{x}_i$ 的训练误差，$\Omega(f_r)$ 表示第 r 棵树的正则项，用于定义该棵树的复杂度。

通过对目标函数进行泰勒展开，并保留其一阶导数和二阶导数，可以迭代生成基模型，并将之前的基模型进行累加更新模型。XGBoost 通过遍历所有叶子结点，获取叶子结点上的样本集合（各叶子结点的目标子式相互独立），最终得到化简后的叶子结点 j 的最优权重值 $\boldsymbol{w}_{kj}^*$ 和最小化的目标函数 Obj_k^*：

$$\boldsymbol{w}_{kj}^* = -\frac{G_j}{H_j+\lambda}, \mathrm{Obj}_k^* = -\frac{1}{2} \sum_{j=1}^{J} \frac{G_j^2}{H_j+\lambda} + \gamma J \tag{5-4-2}$$

其中，G_j 和 H_j 分别为叶子结点 j 所包含样本的一阶导数和二阶导数之和。

将一个树结点 P 分裂为左子结点 L 和右子结点 R 带来的收益为

$$L_{\mathrm{split}} = \frac{1}{2}\left[\frac{G_L^2}{H_L+\lambda} + \frac{G_R^2}{H_R+\lambda} - \frac{G_P^2}{H_P+\lambda}\right] - \gamma \tag{5-4-3}$$

在单个基学习器训练过程中，对于每个结点，通过对每种候选的划分方式带来的收益进行评估，可以得到该结点最优的划分方式，并进行结点分裂，再不断地对新生成的结点执行分裂过程，直到达到预设的停止条件，即完成当前轮次的树模型的构建。

5.4.2 XGBoost4J-Spark 实现详解

1. XGBoost4J-Spark 整体架构

为了应对企业应用中日益增长的数据规模，并利用企业中广泛使用的 Spark 分布式平台，XGBoost 基于 Spark 的分布式版本 XGBoost4J-Spark 应运而生。XGBoost4J-Spark 可将 XGBoost 适配到 Spark 的 MLlib 框架，从而实现 XGBoost 和 Spark 的无缝集成。如下图 5-15 所示，用户可以使用 Spark 中低层次和高层次的内存抽象，即 RDD 和 DataFrame/Dataset，使用户可以在数据传入 XGBoost 前，操作结构化数据集并使用 Spark 内建的功能来进行数据探索。此外，Spark 中的 MLlib 包提供了一系列可以用于特征抽取、转换和选择的工具，并且用户可以使用其提供的自动化参数搜索功能对 XGBoost 实现调优。

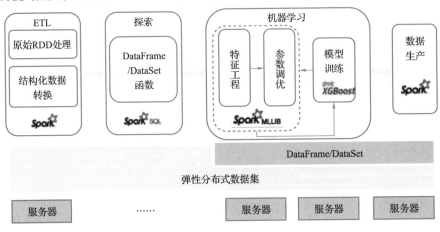

图 5-15　基于 Spark 集成 XGBoost4J-Spark 的通用框架[⊖]

[⊖] 可前往 https://xgboost.ai/2016/10/26/a-full-integration-of-xgboost-and-spark.html 了解更多。

　　　　　　　　　　　　　　　基于鲲鹏的大数据挖掘算法实战

通过 XGBoost4J-Spark，用户不仅可以使用 XGBoost 的高性能算法实现，也可以借助 Spark 这一功能强大的数据处理引擎，实现特征工程等功能，构建、评估和调整机器学习工作流，持久化加载机器学习模型，甚至加载整个工作流。

尽管 XGBoost4J-Spark 可以利用 Spark 进行集成和调用，但是其软件架构与 Spark 中分布式机器学习库 MLlib 中的算法（如 PCA、SVD 等）有很大的差异。如图 5-16 所示，XGBoost4J-Spark 提供了面向 Scala 的分布式 API，可以实现在分布式环境上对 XGBoost4J 的调用，在现实大规模数据的训练和预测上大幅提升计算速度；同时，XGBoost4J 提供了面向 Scala/Java 的单机 API，通过这些 API 可以调用 XGBoost 库和 Rabit 库，这些库均采用 C++进行高性能实现。其中，XGBoost 库提供了面向决策树、线性模型和 DART（Dropouts meet Multiple Additive Regression Trees）等基学习器的集成学习方法，其中基于决策树的方法是目前使用最广的最经典的算法，下文均以基于决策树的算法为例进行描述；由于 Rabit 库实现了 XGBoost4J-Spark 分布式训练中服务器间的通信，因此在 XGBoost 中不采用 Spark 的通信机制。图 5-17 展示了 XGBoost4J-Spark 训练的流程图，下文将对训练过程进行详细介绍。

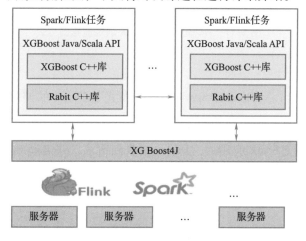

图 5-16　XGBoost4J-Spark 的架构⊖

⊖ 可前往 https://xgboost. ai/2016/03/14/xgboost4j-portable-distributed-xgboost-in-spark-flink-and-dataflow. html 了解更多。

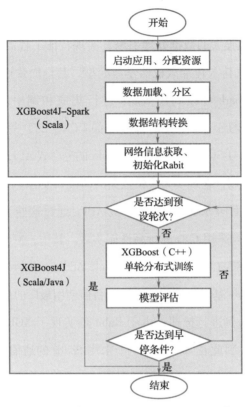

图 5-17　XGBoost4J-Spark 训练流程图[注]

1. XGBoost4J-Spark 功能

如图 5-18 所示，XGBoost4J-Spark 提供分布式 XGBoost 的调用入口，启动分布式 XGBoost 训练的执行逻辑包括如下流程：

1）当用户提交 Spark 应用后，Driver 接收到请求，并启动 SparkContext，控制应用的生命周期，SparkContext 连接到集群管理器。

2）集群管理器负责为该应用分配资源。如图 5-18 所示，Spark 将在集群节点中获取执行任务的 Executor，每个 Executor 可以执行一个或多个 Task，每个 Task 对应一个 XGBoost Worker，而每个 XGBoost Worker 可以使用的最多核数取决于 Spark

---

⊖ 可前往 https://xgboost.ai/2016/03/14/xgboost4j-portable-distributed-xgboost-in-spark-flink-and-dataflow.html 了解更多。

分给每个 Task 的核数。

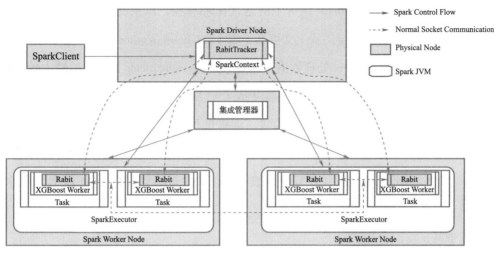

图 5-18　启动分布式 XGBoost 训练的过程[⊖]

3）Spark 将应用程序的代码发送给 Executor，最后 SparkContext 将任务分配给
Executor 去执行。

由于 Spark 应用的基本运算单元为 RDD，因此在训练开始前，XGBoost4J-Spark
将训练数据 RDD 重新 Shuffle 为与 XGBoost Worker 个数相同的分区，并对 RDD 的
每个分区进行处理，转换并封装成 XGBoost 内部使用的数据结构 DMatrix，使得每
个 XGBoost Worker 对应一个 DMatrix。在训练过程中，每个 XGBoost Worker 对相应
的 DMatrix 中的数据进行运算处理。

值得注意的是，XGBoost4J-Spark 进行分布式训练时并非采用 Spark 的通信机
制，而是采用其自带的 MPI 库 Rabit 进行实现，再通过协调 Rabit Tracker 完成任
务。关于 Rabit 库的介绍详见下文。如图 5-18 所示，XGBoost4J-Spark 获取当前任
务中 Task 之间的互联信息，并传输给 C++ 层用以构建分布式训练网络。每个 XG-
Boost Worker 对其本地 Rabit 进行初始化，并调用 XGBoost4J 启动每个 XGBoost
Worker 内部的任务，从而实现完整的分布式训练。

⊖　可前往 https://flashgene.com/archives/112500.html 了解更多。

2. XGBoost4J 功能

XGBoost4J 实现了 XGBoost 训练中的迭代循环流程，以及支持 Java/Scala 生态调用 XGBoost 的 JNI 接口层。从上文可知，每个 XGBoost Worker 对应一个 DMatrix，XGBoost4J 同样基于 DMatrix 处理数据，通过 DMatrix constructor 加载原始输入数据；当训练开始时，通过 JNI 库将算法超参传入 C++ 层，并根据用户设定来控制 XGBoost 训练的相关参数，包括训练的轮次、训练过程中的评估方法以及早停法的使用等；对于每一轮的训练，XGBoost4J 通过 JNI 库调用 C++ 层的 UpdateOneIter 函数实现，这一过程将在下文 5.4.3 节中详细展开；最后根据保存的 boost 模型，通过调用 EvalOneIter 进行数据的预测与推断。

3. Rabit 功能

Rabit 的全称是可靠的 Allreduce 和 Broadcast 接口（Reliable Allreduce and Broadcast Interface），它是一个提供了带有容错的 Allreduce 和 Broadcast 功能的轻量库。Rabit 库旨在支持分布式机器学习的实现。基于其容错机制和轻型库的设计，Rabit 具有可移植、可扩展和可靠的特性。在 XGBoost 分布式训练中，Rabit 是实现通信并支撑其分布式计算的核心库之一。

在训练流程启动时，Rabit 便进行初始化，训练过程中 XGBoost Worker 之间的通信就是通过 Rabit 提供的 Allreduce 和 Broadcast 功能实现的。通过 2.3.2 节中的介绍可知，Tree AllReduce 得益于树形结构，其延迟可限制在对数级；而 Ring Allreduce 中每个机器的通信量不会随着机器数的增加而增加，通信的速度仅受到 Ring 中相邻机器之间的最低带宽的制约，因此在多个机器并行计算的时候，可以实现计算性能的线性增长。在 XGBoost 中，用户可以通过设定阈值来确定 AllReduce 的具体拓扑方式，以最大限度发挥并行优势。当 XGBoost Worker 的个数小于阈值时，用户可以采用 Tree AllReduce 拓扑方式，尽可能地减少通信延迟；当 XGBoost Worker 的个数超过阈值时，用户采用 Ring AllReduce 拓扑方式，可以实现全带宽通信，降低由并行计算节点增多导致的通信量膨胀的影响。

5.4.3 XGBoost 单轮分布式训练实现详解

XGBoost4J 通过 JNI 库调用 C++层的 UpdateOneIter 函数实现每一轮的训练。对于回归和二分类，每一轮训练一棵决策树；对于多分类（采用 One vs Rest 方法），每一轮训练和类别数相同数量的决策树。下文描述均以二分类问题为例。

如图 5-19 所示，UpdateOneIter 主要包括对训练数据预测、获取训练数据梯度和新树构建三个步骤。

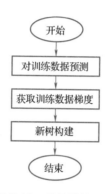

图 5-19 单轮训练流程

1. 对训练数据预测

XGBoost 是一个梯度提升的集成学习算法，每一棵树训练的目的都是减少已经训练完成的树集成模型的"残差"。在构建新树之前，算法需要获取已训练完成模型在训练数据集上的预测结果，后续才可以根据预测值计算一阶梯度和二阶梯度。

在此阶段，每一个 XGBoost Worker 将线程数设置为用户配置的最大值，采用多线程对本地数据进行预测。对于每一条数据，单棵树从根结点开始逐层依据当前树结点的分割点进行计算和推理，最终使该数据落入某个叶子结点，该叶子结点的值即为这棵树对该样本的预测值。使用已训练的所有树通过上述过程进行逐一预测，并将预测结果进行相加，即可得到已训练模型对该样本的预测值。

2. 获取训练数据梯度

XGBoost 相比 GBDT 的一大特点是训练数据的梯度不仅包括一阶梯度，还考虑了二阶梯度，而梯度的计算可以根据训练数据的真实标签 y_i 和已训练模型的预测值 $\hat{y}_i$ 的损失函数得到。XGBoost 内建了 18 种损失函数，包括：

（1）用于回归问题的损失函数

- squarederror：平方损失函数。

- squaredlogerror：平方对数损失函数 $\frac{1}{2}\left[\log(\hat{y}_i+1)-\log(y_i+1)\right]^2$，所有输入的 y_i 需要大于−1。

- logistic：逻辑回归损失函数。

- pseudohubererror：伪 Huber 损失函数，可替代绝对误差损失函数且二次可微。

- gamma：Gamma 回归损失函数，输出为 Gamma 分布的平均值，在保险理赔严重程度建模或者输出服从 Gamma 分布的场景较为有用。

- tweedie：Tweedie 回归损失函数，在保险整体损失建模或者输出服从 Tweedie 分布的场景较为有用。

（2）用于二分类问题的损失函数

- logistic：逻辑回归损失函数，输出概率。

- logitraw：逻辑回归损失函数，输出逻辑转换前的分数。

- hinge：hinge 损失函数，输出预测结果为 0 或者 1，而不是概率。

（3）用于多分类问题的损失函数

- softmax：softmax 损失函数。

- softprob：和 softmax 相同，但其输出是每个样本属于每一类的概率矩阵。

（4）用于排序问题的损失函数

- pairwise：采用 LambdaMART 来实现最小化 Pair-wise 损失的 Pair-wise 排序。

- ndcg：采用 LambdaMART 来实现最大化归一化折损累计增益（Normalized

　　　　　　　　　　　　　　　　　　　基于鲲鹏的大数据挖掘算法实战

Discounted Cumulative Gain，NDCG）的 List-wise 排序。

- map：采用 LambdaMART 来实现最大化全类平均精度（Mean Average Precision，MAP）的 List-wise 排序。

（5）用于生存分析问题的损失函数

- cox：用于右截尾生存时间数据（负值视为右截尾）的 Cox 回归损失函数。
- aft：用于截尾生存时间数据的加速失效时间模型。

（6）其他

- count：poisson：用于计数的泊松回归损失函数，输出是泊松分布的平均值。
- aft_loss_distribution：用于 survival：aft 损失函数和 aft-nloglik 评估函数的概率密度函数。

其中，用于回归问题的 squarederror、squaredlogerror、logistic，二分类问题的 logistic、logitraw、hinge，以及多分类问题下的 softmax、softprob 均为常用函数。

与步骤 1（对训练数据预测）相同的一点在于，梯度的计算和获取过程同样是每个 XGBoost Worker 对本地数据进行处理的一个过程，没有产生数据通信。

3. 新树构建

（1）构建算法介绍

对于新树构建，XGBoost 内建了如下四种构建算法：

- Exact 算法，即精确的贪婪算法，会对所有的候选分割点进行枚举。
- Approx 算法，即使用量化的梯度直方图的近似贪婪算法。
- Hist 算法，通过优化的、更快的直方图达到近似贪婪求解。
- GPU_Hist 算法，即在 GPU 上实现 Hist 算法。

一般来说，在数据量较小的情况下，推荐做法是采用 Exact 算法实现精确求解，并确保选择的是使损失函数下降最大的分割点；但对大数据集进行训练时，由于计算资源的限制和对效率的要求，因此推荐的做法是使用 Hist 或 GPU_Hist 实现更高的性能。本书将重点针对 Hist 算法进行介绍。

Hist 算法是一种近似贪婪求解算法，其并不会对所有可能的候选分割点进行枚举和计算，而是通过用户设置的超参确定每个特征最多可以被分到多少个分箱（Bin）中，由此可得候选分割点的数量等于分箱的数量减去1。对于每个特征，其候选分割点通过统计特征的数值分布确定，使得落入每个分箱中的样本数量尽量相同，并使用离散的分箱索引值代替连续的特征值，如图 5-20 所示。

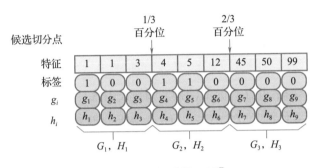

图 5-20　特征分箱示例[⊖]

根据 5.4.1 节中的介绍，对于任一候选分割点，我们需要分别计算该分割点划分数据集后，分到左子结点和右子结点上所有数据样本的一阶导数之和 G_L 和 G_R、二阶导数之和 H_L 和 H_R。Hist 算法并不是直接对所有的候选分割点直接计算左子结点和右子结点上的导数和，而是先建立直方图，再根据直方图计算子结点导数。对于每一维特征，我们将分箱处理过的数据集中属于同一分箱的所有数据的一阶导数和二阶导数分别求和，并将所得到的统计量称为直方图，具体步骤如算法 5-4-1 所示。

算法 5-4-1　HistogramBuild

输入：离散化数据集 $\hat{X} = \{(\hat{x}_1, g_1, h_1), (\hat{x}_2, g_2, h_2), \cdots, (\hat{x}_m, g_m, h_m)\}$；
　　　特征维度 n；
　　　初始化的直方图 Histogram$[n]$，每一个元素为一个数组，其长度等于对应特征的分箱数．

过程：
1：**for** $i=1$ **to** m **do**
2：　　**for** $j=1$ **to** n **do**

⊖　可前往 https://flashgene.com/archives/74543.html 了解更多。

　基于鲲鹏的大数据挖掘算法实战

//$\hat{x}_{ij}$ 为第 i 个样本第 j 维特征的分箱索引值

3：   将一阶导数累加到分箱对应的直方图位置 $\text{Histogram}[j][\hat{x}_{ij}].G \mathrel{+}= g_i$

4：   将二阶导数累加到分箱对应的直方图位置 $\text{Histogram}[j][\hat{x}_{ij}].H \mathrel{+}= h_i$

5：   统计分箱中的样本数 $\text{Histogram}[j][\hat{x}_{ij}].n \mathrel{+}= 1$

6： **end for**

7：**end for**

输出：直方图 $\text{Histogram}[n]$

当得到一个特征的直方图后，对于一个候选分割点，我们只需将该分割点左侧和右侧的分箱对应的导数和加起来，即可分别得到两个子结点导数和。

Hist 算法有以下优势：

1）即使两个样本的特征值不同，如果这两个样本的特征落入同一个分箱中，则这两个样本的梯度会被累加到该分箱对应的同一个直方图中，因此在直方图构建的过程中，特征的离散值（分箱的索引）替代原有的特征值，实现了连续特征值的离散化。在实际训练中，分箱的数量通常会设置在 256 以内，这样特征的离散值可以只用 1 个字节来存储。与原来 Double 型（8 字节）的特征值相比，这种离散化使内存占用大大减小。

2）在直方图构建过程中，Hist 算法不需要使用样本特征值与分箱的范围进行比较来判断样本属于哪个分箱，而是通过特征离散值直接快速访问该样本对应的直方图。因此，使用离散化特征值构建直方图，可以极大地提升直方图构建速度。

（2）生长策略介绍

XGBoost 主要有两种决策树的生长策略，即 Depth-wise 和 Loss-guide，如图 5-21 中所示。Depth-wise，又称 Level-wise，即每次分裂距离根结点最近的树结点，也就

Depth-wise生长策略
a）Depth-wise示意图

Loss-guide生长策略
b）Loss-guide示意图

图 5-21　Depth-wise 和 Loss-guide 的示意图

是说，树是按层生长的，同一层的所有结点都做分裂，最后再进行剪枝；Loss-guide，又称 Leaf-wise，则是每次从当前所有叶子中找到分裂收益最大的一个叶子，然而这种方法可能会生长出过深的决策树，导致模型的过拟合。Depth-wise 是树类算法中使用最广的生长策略，也是 XGBoost 中默认的生长策略，下文中将主要介绍 Depth-wise 生长策略。

（3）新树构建流程

CART 树的构建是一个自顶向下、不断递归地对新产生的节点进行分裂，直到达到预设的停止条件的过程。如图 5-22 所示，在 XGBoost 分布式实现中，其具体流程如下。

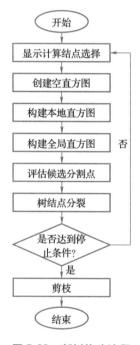

图 5-22　新树构建流程

①显式计算结点选择

使用一个候选分割点对结点上的样本集进行划分，一个样本要么落在左子结节点，要么落在右子结点。因此，如图 5-23 所示，父结点的直方图等于左子结点和右子结点的直方图进行相加，即：

$$Histogram(Parent) = Histogram(Left) + Histogram(Right)$$

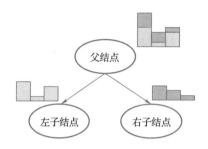

图 5-23　父结点与子结点直方图关系

由于父结点的直方图在其分裂时已经计算过，因此我们只需要计算两个子结点中的一个结点（即显式计算结点）的直方图，然后使用父结点的直方图减去子结点的直方图，便可以自动得到另外一个子结点的直方图。对于一个特征，显式计算结点的计算复杂度为样本数，而另一个子结点的计算复杂度为分箱的个数，采用这种计算方式即可以将计算复杂度由 $O(N_{Parent})$ 降低为 $O(N_{Child}+bins)$，其中 N_{Parent} 为父结点样本数，N_{Child} 为显式计算结点样本数，bins 为分箱数。通常，为了进一步提升处理速度，我们会挑选样本数较少的叶子结点作为显式计算结点，样本数较多的叶子结点则通过上面介绍的直方图减法技巧进行计算，这种情况下 $N_{Parent} \geqslant 2N_{Child} \gg bins$，相应的计算量降低一半以上。

在分布式场景中，每个 XGBoost Worker 的本地数据在左子结点和右子结点上分布不一致，而进行全部数据的统计会带来同步和通信开销，反而会造成算法性能下降。为了保证每个 XGBoost Worker 上计算的树结点一致，我们通常直接将左子结点作为显式树结点，右子结点采用减法技巧进行计算。

②创建空直方图

我们可以根据特征数量和每个特征分箱的数量，计算出分裂一个树结点所需的构建直方图所占用的空间，并在每个 XGBoost Worker 中对所有待分裂树结点的直方图空间进行分配。

③构建本地直方图

如图 5-24 所示，在分布式场景中，我们首先要在每个 XGBoost Worker 中利用本地数据计算出本地直方图，然后在后续步骤中进行全局合并得到全局直方图。

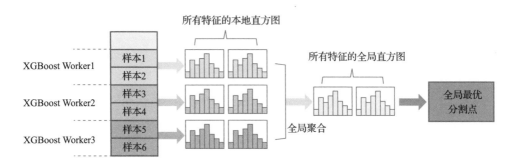

图 5-24　分布式本地直方图合并得到全局直方图的流程

每个 XGBoost Worker 对于本地数据的计算也会利用多线程进行并行加速处理。由于待处理的多个树结点上的样本数量通常是不均衡的，因此如果按照树结点来分配线程进行计算会产生负载不均衡的问题，导致鲲鹏多核算力闲置，计算性能低下。为了避免该问题，XGBoost 设计了 BlockedSpace2d 的数据节构将所有待显式计算的树结点上的所有待处理数据分割为等大小（256 个样本）的数据块，每个数据块包含其树结点索引（第一维）和样本数据区间（第二维），单个线程每次处理一个数据块。这种数据结构可以尽量平衡线程负载，最大化 CPU 利用率和并行化处理效率。

例如，假设有待处理数据 [1，2]，[3，4，5，6] 和 [7，8，9]，给定数据块大小为 2，BlockedSpace2d 的数据结构可将待处理数据分割为 5 个数据块，如下所示。

Block0：第一维为 0，第二维下标 [0，2)，即包含数据 1 和 2；

Block1：第一维为 1，第二维下标 [0，2)，即包含数据 3 和 4；

Block2：第一维为 1，第二维下标 [2，4)，即包含数据 5 和 6；

Block3：第一维为 2，第二维下标 [0，2)，即包含数据 7 和 8；

Block4：第一维为 2，第二维下标 [2，3)，即包含数据 9。

　基于鲲鹏的大数据挖掘算法实战

根据线程数对所有的数据块进行平均划分，每个线程需要处理一个或者多个待显式计算的树结点的数据块，这样可实现较好的负载均衡，充分利用鲲鹏的多核算力。在多线程处理中，为了防止多个线程对同一内存地址并行写入造成的错误，每个线程会分配独立的内存空间作为线程计算结果存储空间。每个 XGBoost Worker 将所有待分裂树结点创建好的直方图作为第一个线程存储结果的空间，而对于剩下的线程，则根据其需要处理的待显式计算树结点的个数来计算和分配直方图结果存储空间。

每个线程对每个数据块中所有的数据样本进行遍历，每个样本再对其所有特征进行遍历，最后根据离散化的特征值，将样本的一阶梯度和二阶梯度等统计值累加到对应的直方图中。

在构建直方图的过程中，XGBoost 会采用预取进行计算加速。当数据块中的所有数据在物理空间上是连续存储时，遍历所有数据是顺序访问，硬件上自动采用内建的预取来加速访问，在程序上不需要做额外的处理；反之，则需要手动对后面要处理的数据进行预取。在 XGBoost 具体实现中，在处理第 i 个样本时，XGBoost 会对第 $i+10$ 个样本进行预取。

当一个 XGBoost Worker 中的所有线程完成直方图的构建后，XGBoost 需要对这些线程的直方图进行合并，得到这个 XGBoost Worker 的本地直方图。同样的，如果采用 BlockedSpace2d 数据结构，XGBoost 会以树结点索引为第一维、直方图区间为第二维，将直方图分为若干数据块，每个数据块包含 1024 个分箱。处理每个数据块时，XGBoost 将该 XGBoost Worker 中所有线程（除第一个线程以外）生成的直方图中的对应部分累加到第一个线程的结果内存空间中。处理完所有数据块便可得到本地直方图。

值得注意的是，在直方图累加的过程中，XGBoost 需要将若干数据类型为 Float 或者 Double 的长数组进行对位求和。在 XGBoost 原生代码中，其朴素地采用 for 循环，将两个数组的对位逐一相加。然而鲲鹏服务器支持 NEON 指令集，这种原生的实现方法无法最大化发挥出鲲鹏的性能优势。

NEON 指令集基于 SIMD（Single Instruction Multiple Data）架构。SIMD 单指令多数据的特点利于数据并行。一方面，SIMD 可以以块为单位，一次性加载多个数据；另一方面，每个单元可以在任何给定时刻执行相同的指令，并行地处理多个数据。NEON 指令集在此架构上进行扩展，NEON 寄存器可存储由相同数据类型元素组成的向量，可以同时对多个元素进行操作，并支持多种数据类型的计算，包括浮点和整数计算。NEON 技术可以通过加速数据处理算法和功能来提升音/视频处理、语音/面部识别、机器视觉和机器学习算法的性能。

为了最大化利用 SIMD 指令的优势，鲲鹏处理器采用 NEON 内置函数对 XG-Boost 合并直方图过程中的向量位加法运算进行优化。具体来说，对于 Float 型数据，NEON 可以实现 4 路并行计算，如下方代码示例所示；对于 Double 型数据，NEON 可以实现 2 路并行计算。

```
for (int k = 0; k<(int)(len/ batchSize); k++){
    float32x4_t u = vld1q_f32(src + k * batchSize);
    float32x4_t v =vld1q_f32(dst + k * batchSize);
    float32x4_t res = vaddq_f32(u,v);
    vst1q_f32(dst + k * batchSize,res);
}
```

其中，vld1q_f32 函数表示加载内存给定地址的 4 个浮点型数据到 NEON 寄存器中，vaddq_f32 函数表示对浮点型数据进行并行加法运算，vst1q_f32 函数将运算结果装入内存。基于鲲鹏处理器对 NEON 指令集的支持，这一优化过程可以提高 XGBoost 累加过程的并行度，实现高性能算法。

在未来，鲲鹏将进一步支持 SVE（Scalable Vector Extension）指令集，SVE 是在 SIMD 架构上的进一步拓展，其可以支持变长的向量长度，向量长度可以低至 128 位、高至 2048 位，并引入了可缩放向量、收集-加载和分散-存储、水平级和序列化向量操作等功能，可以进一步提升机器学习算法和高性能计算应用的性能，充分发挥鲲鹏处理器的算力优势。

基于鲲鹏的大数据挖掘算法实战

④构建全局直方图

在关于 Rabit 通信机制的介绍中，前文提到 AllReduce 算子使每个计算节点上计算的本地结果会传递给所有其他机器，从而聚合信息来更新每个计算节点的本地模型副本。具体来说，在全局直方图的构建中，AllReduce 算子对所有 XGBoost Worker 中的本地直方图进行累加合并，使得每个 XGBoost Worker 中都有所有待显式计算树结点的全局直方图。

对于每个待显式计算树结点，利用直方图减法技巧并使用多线程计算可以得出其兄弟结点的全局直方图。

构建全局直方图和构建本地直方图一样，都涉及向量的对位加和减，因此也可以使用步骤③中描述的 NEON 指令实现对鲲鹏算力的亲和优化，提升计算性能。

⑤评估候选分割点

在得到全局直方图后，我们需要对所有待分裂树结点中所有特征的所有候选分割点进行评估，从每个树结点中选举出一个收益最大的候选分割点作为最终分割点。这个步骤同样使用 BlockedSpace2d 数据结构的多线程进行处理，每个数据块包含了同一个待分裂树结点的若干个特征。

对于每个特征，候选分割点由小到大遍历。对于一个分割点，该分割点左侧的所有直方图分箱的一阶梯度和二阶梯度分别累加，并使用该树结点的一阶梯度和与二阶梯度和减去左侧的和，即可得到右侧的一阶梯度和和二阶梯度和。然后，根据 XGBoost 算法原理分割点收益计算公式进行计算。值得注意的是，在实际实现中，XGBoost 对一阶梯度和 G 加入了 L1 正则约束：

$$\|G\| = \begin{cases} G-\alpha, & G>\alpha \\ G+\alpha, & G<-\alpha \\ 0, & -\alpha \leqslant G \leqslant \alpha \end{cases} \quad (5\text{-}4\text{-}4)$$

其中，α 为 L1 正则参数。此外，由于此步骤的目的是选出收益最大的候选分割点，因此正则项 γ 作为常量在实际计算中被省去，模型复杂度的控制将在后续剪枝过程中加以考虑。实际的收益计算如下所示：

$$\text{Gain}' = \frac{1}{2}\left[\frac{\|G_L\|^2}{H_L+\lambda} + \frac{\|G_R\|^2}{H_R+\lambda} - \frac{(\|G_L\|+\|G_R\|)^2}{H_L+H_R+\lambda}\right] \tag{5-4-5}$$

其中，第一项表示左子结点分数，第二项表示右子结点分数，第三项表示不进行分裂的分数。

对于每个待分裂树结点，每个线程会从其处理的多个特征的所有候选分割点中选出收益最大的分割点，然后从所有线程中选出全局收益最大的分割点。

⑥树结点分裂

如果一个树结点的最大分割收益小于1e-6，或者这个结点的深度已经达到预设的最大深度，则该树结点可直接设置为叶子结点而不进行分裂；反之，则使用收益最大的分割点对该树结点进行分裂，并将两个子结点加入待分裂树结点队列。根据 XGBoost 算法原理，左右子结点的叶子值计算公式有

$$w_{mj}^* = -\frac{\|G_j\|}{H_j+\lambda} \tag{5-4-6}$$

当树结点完成分裂后，该树结点上的数据样本需按照其分割点划分到左子结点和右子结点上。

循环执行上述步骤，直到树生长到用户设定的最大深度或者没有树结点可以进行进一步分裂时，这棵树便不再进行分裂生长。接下来是对新训练出的树模型进行后剪枝。

⑦剪枝

XGBoost 中剪枝的目的是提升模型泛化能力，包括预剪枝和后剪枝两种方法。其中，预剪枝用于在树生长过程中控制树的复杂度，包括正则化、控制树的最大深度和结点分裂的收益大于固定阈值等；后剪枝是在完成树的生成后，从最底层向上计算是否需要剪枝。后剪枝的过程是，当一个树结点的左子结点和右子结点均为叶子结点时，判断该树结点分裂带来的收益是否小于用户设定的最小收益阈值，或者判断叶子结点的深度是否大于用户设定的最大深度。一旦满足上述两个条件之一，该树结点的叶子结点将被剪去，该树结点被设置为叶子结点。对树的所有树结点进行递归剪枝，直到没有结点满足剪枝调节或者只剩下根结点，即可

得到最终训练出来的树模型。

在分布式学习场景下，为了保证每个 XGBoost Worker 中的模型一致，在一轮树模型训练完成后，索引为 0 的 XGBoost Worker 将最新训练出的模型序列化，通过 Rabit 机制的 Broadcast 接口广播到各个 XGBoost Woker 中实现模型同步，其他节点再通过反序列化得到模型。至此，XGBoost 单轮的分布式训练完成。

5.4.4 鲲鹏 BoostKit 算法 API 介绍

1. 算法参数

在鲲鹏平台的 XGBoost4J-Spark 实现中，XGBoost 模型训练接口被封装为 ML Classification API 和 ML Regression API 两大类模型接口，其核心都是使用 fit 方法，可以根据输入的训练样本集，输出给定参数下拟合的 XGBoost 分类或回归模型。XGBoost 在实际训练中涉及众多参数，在这里对关键算法参数做简要介绍（如表 5-5 所示）。

表 5-5　XGBoost 原生关键算法参数简介

参数名称	参数类型	参数说明	默认值
num_workers	Int	XGBoost Worker 的数量	1
nthread	Int	单个 XGBoost Worker 中并行线程的数量	1
num_round	Int	XGBoost 训练的轮次	1
booster	String	训练使用的基学习器类型	gbtree
tree_method	String	树构建算法的类型；在分布式训练中支持 approx、hist 和 gpu_hist，在大数据规模下推荐使用 hist	auto
grow_policy	String	树生长方式；支持 depthwise、lossguide 和 depthlossltd；其中，depthlossltd 为 BoostKit 机器学习算法加速库新增树生长方式	depthwise
objective	String	损失函数	reg：squarederror
max_depth	Int	一棵树的最大深度	6
max_leaves	Int	一棵树的最多叶子结点树；只有在 grow_policy = lossguide 时生效	0
max_bin	Int	将连续型特征进行分箱时分箱的最大数量	16

参数名称	参数类型	参数说明	默认值
alpha	Double	对一阶导数的 L1 正则项	0
lambda	Double	对二阶导数的 L2 正则项	1
gamma	Double	分裂一个叶子节点时最小的损失降低（收益阈值）	0
eta	Double	步长的缩减系数，即学习率	0.3

除了上述原生 XGBoost4J-Spark 中自带的参数外，鲲鹏 BoostKit 机器学习算法加速库新增了如下参数（如表 5-6 所示），以进一步提高 XGBoost4J-Spark 的分布式训练性能。

表 5-6　XGBoost 新增关键算法参数简介

参数名称	参数类型	参数说明	默认值
min_loss_ratio	Double	控制训练过程中树结点的剪枝程度；只有在 grow_policy＝depthwiselossltd 时生效	0
sampling_strategy	String	控制训练过程中的采样策略；可选项包括 eachTree、eachIteration、alliteration、multiIteration、gossStyle	eachTree
sampling_step	Int	控制采样的间隔轮次；只有 sampling_strategy＝multiIteration 时生效	1
enable_bbgen	Boolean	控制是否使用批伯努利位生成算法	false
auto_subsample	Boolean	控制是否采用自动减少采样率策略	false
auto_k	Int	控制自动减少采样率策略中的轮次；只有 auto_subsample＝true 时生效	1
auto_r	Double	允许自动减少采样率带来的错误率上升程度	Double
auto_subsample_ratio	Array[Double]	设置自动减少采样率的比例	Array（0.05, 0.1, 0.2, 0.4, 0.8, 1.0）
rabit_enable_tcp_no_delay	Boolean	控制 Rabit 引擎中的通信策略	false
random_split_denom	Int	控制候选分割点的使用比例	1
default_direction	String	控制缺失值的默认方向；可选项包括 learn、left、right	learn

2. 使用示例

这里对 XGBoost 模型的 ML Classification API 和 ML Regression API 两个模型接口分别做实例介绍：

基于鲲鹏的大数据挖掘算法实战

（1）分类

①创建算法实例

如示例所示，通过传入相关参数生成初始化的 XGBoostClassifier。

```
val xgbClassifier =new XGBoostClassifier(param)
    .setLabelCol("label")
    .setFeaturesCol("features")
    .setAlpha(alpha)
    .setTreeMethod("hist")
    .setGrowPolicy("depthwise")
```

②模型训练

通过调用 fit 方法，基于传入的训练样本集分布式训练 XGBoost 分类模型，返回 XGBoostClassificationModel。

```
val model = xgbClassifier.fit(train_data)
```

③模型评测

通过调用 Spark MLlib 中内建的 MulticlassClassificationEvaluator 对训练得到的分类模型进行评估。本样例采用准确率评估模型的效果，如下所示：

```
val predictions = model.transform(validate_data)

val evaluator = new MulticlassClassficationEvaluator()
    .setLabelCol("indexedLabel")
    .setPredictionCol("prediction")
    .setMetricName("accuracy")
val accuracy = evaluator.evaluate(predictions)
println("Accuracy = " + accuracy)
```

最终的输出如下所示：

```
Accuracy = 0.746581712792891
```

（2）回归

①创建算法实例

如示例所示，通过传入相关参数生成初始化的 XGBoostRegressor。

```
val xgbRegressor =new XGBoostRegressor( param)
    . setLabelCol( "label" )
    . setFeaturesCol( "features" )
    . setAlpha( alpha)
    . setTreeMethod( "hist" )
    . setGrowPolicy( "depthwise" )
```

②模型训练

通过调用 fit 方法，基于传入的训练样本集分布式训练 XGBoost 回归模型，返回 XGBoostRegressionModel。

```
val model = xgbRegressor. fit(train_data)
```

③模型评测

调用 Spark MLlib 中内建的 RegressionEvaluator 对训练得到的分类模型进行评估。本样例采用 RMSE 评估模型的效果，如下所示：

```
val predictions = model. transform(validate_data)

val evaluator = new RegressionEvaluator()
    .setLabelCol("indexedLabel")
    .setPredictionCol("prediction")
    .setMetricName("rmse")
val rmse = evaluator. evaluate(predictions)
println("RMSE = " + rmse)
```

最终的输出如下所示：

```
RMSE = 0.1587239884365891
```

5.5 交替最小二乘法

ALS 是一个使用交替最小二乘法分解矩阵的推荐算法，通过分析已用户对产品的评分，推断出每个用户对所有产品的喜好，然后向用户推荐合适的产品。算法的核心是将一个很大的带有未知数（即某用户对某产品没有评分）的矩阵，分解成两个没有未知数的小矩阵，从而通过计算两个小矩阵的乘积，来预测大矩阵中的未知数。

本节主要讲解 ALS 算法的分布式实现，以及在鲲鹏平台上的优化方案。本节沿用 3.9 节中定义的符号。

5.5.1 分布式实现流程

根据 3.9 节中的原理描述，ALS 算法在分布式集群上的实现流程如图 5-25 所示。下面简要介绍其中各个步骤：

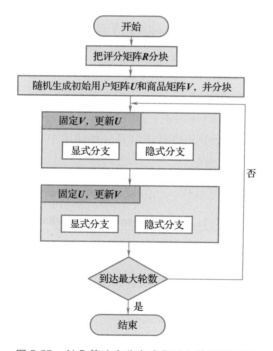

图 5-25 ALS 算法在分布式集群上的实现流程

1. 数据分块与初始化

1）首先将评分矩阵 R 按两种分块方式分布式存储到每个计算节点：一种是将矩阵 R 按行分块，此时每块中的行 $\overline{R_i}$ 用于计算 U_i；一种是将矩阵 R 按列分块，每

块中的列 R_j 用于计算 V_j。

2）根据评分矩阵 R 的存储位置，使用随机方法初始化因子矩阵 U 和 V 的相应块：按行存储的 R 矩阵中 $\overline{R_i}$ 的所在位置初始化为 U_i；按列存储的 R 矩阵中 R_j 的所在位置初始化为 V_j。

2. 迭代求解

1）固定 V，更新 U：根据式（3-9-4）或式（3-9-8），计算 U 的第 i 列 U_i 时，需要使用到由 V 中相应的列组成的子矩阵 V^i，由于 V^i 中涉及的列都是分布式地存储在各个计算节点中，因此将这些相应列发送到 U_i 所在的计算节点（即 R_i 所在的节点）。当 U_i 所在节点接收到 V^i 的所有列之后，即可计算系数矩阵。最后调用求解器求解方程，即可更新 U_i。

2）固定 U，更新 V：更新 V 的过程和 1）类似，U 和 V 的位置互换即可。

3）达到用户设定好的最大求解次数即停止迭代，输出用户矩阵 U 和商品矩阵 V。

5.5.2 分布式实现详解

5.5.1 节介绍了鲲鹏 BoostKit 机器学习算法加速库中 ALS 算法的关键流程，本节详细介绍该算法的分布式实现。

算法 5-5-1 是 ALS 的完整过程，它的核心步骤有数据分块和更新隐向量矩阵。

算法 5-5-1　ALS（Alternating Least Squares）

输入：打分集 D，格式 RDD$\big[$（UserId，ItemId，rating）$\big]$.
过程： 1：（UserInBlock，UserOutBlock）= makeUserBlock（D） 2：交换 D 的 UserId、ItemId 两列，得到 F，格式 RDD$\big[$（ItemId，UserId，rating）$\big]$ 3：（ItemInBlock，ItemOutBlock）= makeItemBlock（D） 4：初始化 U、V 矩阵：U=**nextGaussion**（），V=**nextGaussion**（） 5：**for** $i=0,1,2,\cdots,$maxIter-1 **do** 6：　　V=**updateItemFactors**（UserOutBlock，ItemInBlock，U） 7：　　U=**updateUserFactors**（ItemOutBlock，UserInBlock，V） 8：**end for** 输出：U、V 矩阵

1. 数据分块

算法 5-5-1 的 line1-3 是对数据分块的过程：在更新用户矩阵 U 时，把 U 分块后，每个核负责更新 U 的某些列，即某些用户的隐向量；这样核之间相对独立，最后的结果汇总起来就是完整的 U 矩阵。如何合理地将数据切分，保证每次求解某个用户/商品的隐向量时所需的数据都在同一分区内，同时避免频繁地传输数据，是实践中亟需解决的问题。

假设 v_j 所需的用户隐向量全部需要从其他节点获取，且每个子问题之间相互独立，即如图 5-26 所示，求解 v_1 的前提是获取 u_1 和 u_2，求解 v_2 的前提是获取 u_1、u_2 和 u_3。

图 5-26　用户-商品关系

如图 5-26 所示，如果集中将 v_1 和 v_2 在同一个分区上实现运算，则只需将 u_1 和 u_2 发送给该分区一次，之后计算 v_1 和 v_2 的时候直接从内存区读取 u_1 和 u_2，从而避免 u_1 和 u_2 再次传输带来重复通信成本。

于是，我们构造商品 InBlock 和用户 OutBlock。

InBlock：缓存商品 Q_1 分区中的每个 v_i（如 v_1）关联的用户向量及对应的评分值，从而可以构建最小二乘子问题进行求解。

OutBlock：缓存 P_1 分区中 u_1 和 u_2 的目标发送分区，即 Q_1，并额外设计 RDD 缓存用于保存用户 u_i 所关联的商品，从而避免每次迭代过程中的重复查询。

综上所述，在基于用户向量 U 求解商品向量 V 时，用户的 OutBlock 信息把用户向量发给商品分区，然后通过商品的 InBlock 信息构建最小二乘问题。

构建商品的 InBlock 和 OutBlock 的具体过程见算法 5-5-2，构建用户的 InBlock 和 OutBlock 的方法与算法 5-5-2 类似，用户和商品互换即可，本书不再展开叙述。

算法 5-5-2　　MakeItemBlock

输入：评分集 D，格式 $RDD[(UserId, ItemId, rating)]$.

过程：

1：把评分集 D 分区：hashPartition D by(UserId, ItemId)，得到
$D1 = RDD[((ItemPartitionId, UserPartitionId), (Array[ItemId], Array[UserId], Array[rating]))]$

2：构建 $ItemInBlock = RDD[(ItemPartitionId, (Array[ItemId], Array[ItemIndex], Array[UserEncodeId], Array[ratings]))]$

3：构建 $ItemOutBlock = RDD[(ItemPartitionId, Array[UserPartitionId][ItemId])]$

输出：ItemInBlock, ItemOutBlock

算法 5-5-2 是构建 UserInBlock 和 UserOutBlock 的过程：

1）line 1 调用 Spark 提供的 HashPartitioner 对输入进行分区。

2）line 2 即构建 InBlock，首先对 D_1 做 map 操作，将分区内部数据转换成（商品分区 ID，（用户分区 ID，商品集合，用户 ID 在分区中相对应的位置，评分））这样的集合形式；然后以商品分区 ID 为 key 值对这个数据集进行 groupByKey 操作，将数据集转换成（商品分区 ID，InBlocks）的形式。这里值得我们去分析的是输入块（InBlock）的结构。简单起见，我们用图 5-27 为例来说明输入块的结构。

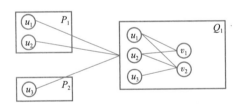

图 5-27　商品 InBlock 和用户 OutBlock

以 Q_1 为例，我们需要知道关于 v_1 和 v_2 的所有评分：(v_1, u_1, r_{11})，(v_2, u_1, r_{12})，(v_1, u_2, r_{21})，(v_2, u_2, r_{22})，(v_2, u_3, r_{32})，把这些项以 Tuple 的形式存储会存在问题。第一，Tuple 有额外开销，每个 Tuple 实例都需要一个指针，而每个 Tuple 所存的数据不过是两个 ID 和一个评分；第二，存储大量的 Tuple 会降低垃圾回收的效率。所以在实现中，我们使用三个数组来存储评分，如（$[v_1, v_2, v_1, v_2, v_2]$，$[u_1, u_1, u_2, u_2, u_3]$，$[r_{11}, r_{12}, r_{21}, r_{22}, r_{32}]$）。这样不仅大幅减少了实例数量，还有效

地利用了连续内存。

但是，只这么做并不够。代码实现过程并没有存储用户的真实 ID，而是存储的使用 LocalIndexEncoder 生成的编码。编码的高位存储用户分区 ID，低位存储用户 ID 在分区中相对应的位置，这样节省了空间。编码的格式为 UncompressedInBlock，即（商品 ID 集，用户 ID 集对应的编码集，评分集），例如（$[v_1, v_2, v_1, v_2, v_2]$，$[ui_1,$ $ui_1, ui_2, ui_2, ui_3]$，$[r_{11}, r_{12}, r_{21}, r_{22}, r_{32}]$）。这种结构仍旧有压缩的空间，Spark 调用 compress 方法将商品 ID 进行排序[⊖]，并且转换为（不重复的、有序的商品 ID 集，商品位置偏移集，用户 ID 集对应的编码集，评分集）的形式，以获得更优的存储效率。以这样的格式修改（$[v_1, v_2, v_1, v_2, v_2]$，$[ui_1, ui_2, ui_1, ui_2, ui_3]$，$[r_{11}, r_{12}, r_{21}, r_{22}, r_{32}]$），得到的结果是（$[v_1, v_2]$，$[0, 2, 5]$，$[ui_1, ui_2, ui_1, ui_2, ui_3]$，$[r_{11}, r_{21}, r_{12}, r_{22}, r_{32}]$）。其中 $[0, 2]$ 指 v_1 对应的评分区间是 $[0, 2)$，$[2, 5]$ 指 v_2 对应的评分区间是 $[2, 5)$。

3）line 3 从用户编码集中还原出用户分区 ID，再按照用户分区 ID 进行聚合，即可完成 UserOutBlock 的构建。

2. 更新隐向量矩阵

通过用户的 OutBlock 把用户信息发给商品分区，然后结合商品的 InBlock 信息构建最小二乘问题，我们就可以借此解得商品矩阵。反之，通过商品 OutBlock 把商品信息发送给用户分区，然后结合用户的 InBlock 信息构建最小二乘问题，我们就可以解得用户矩阵。算法 5-5-3 是利用商品 InBlock 和用户 OutBlock 信息构建最小二乘并求解商品矩阵的过程；求解用户矩阵的方法与算法 5-5-3 类似，用户和商品互换即可，本书不再展开叙述。

算法 5-5-3　UpdateItemFactors

输入：ItemInBlock，UserOutBlock，用户隐向量矩阵 U.
过程： 1：构建最小二乘问题的求解空间 $S = \text{RDD}[((\text{Array}[\text{ItemId}], \text{Array}[\text{ItemIndex}], \text{Array}[\text{UserEncodeId}], \text{Array}[\text{ratings}]), U[\text{ItemId}])]$

⊖　排序有两个好处，除了压缩以外，后文构建最小二乘也会因此受益。

2: **distributed for** $p = 1, 2, \cdots, P$ **do**

3:     **for** $j = 0, \cdots, \text{len}(\text{Array}[\text{ItemId}]) - 1$ **do**

4:         从 $\text{Array}[\text{ratings}]$ 获取与之相关的打分向量 $\boldsymbol{R}_j$

5:         **if** 显式求解 **then**

6:             $A = UU^{\mathrm{T}} + \lambda I, \;\; B = UR_j^{\mathrm{T}}$

7:         **else**

8:             $P_{ij} = \begin{cases} 1, & R_{ij} > 0 \\ 0, & R_{ij} = 0 \end{cases}, \;\; C_{ij} = 1 + \alpha R_{ij}$

9:             $A = UC^j U^{\mathrm{T}} + \lambda I, \;\; B = UC^j P_j^{\mathrm{T}}$

10:         **end if**

11:         **if** 求非负解 **then**

12:             Solver = **projectedGradientMethod**

13:         **else**

14:             Solver = **CholeskyDecomposition**

15:         **end if**

16:         $Vj = \text{Solver. solve}(A * Vj = B)$

17:     **end for**

18: **end distributed for**

输出: ItemInBlock, ItemOutBlock

1）line 1 首先通过用户 OutBlock 与矩阵 $\boldsymbol{U}$ 进行 join 操作，然后以商品分区 id 为 key 进行分组。每一个商品分区包含一组所需的用户分区及其对应的用户隐向量，格式为（用户分区 id 集，用户分区对应的向量集）；紧接着，用商品 InBlock 信息与 merged 进行 join 操作，得到商品分区所需要的所有信息，即（商品 In-Block，（用户分区 id 集，用户分区对应的向量集））。有了这些信息，构建最小二乘的数据就齐全了。注意，每一次更新矩阵 $\boldsymbol{U}$、$\boldsymbol{V}$ 的过程都涉及 join 操作，join 操作的 Shuffle 量为

$$N_{\text{Shuffle}} = \sum_{i}^{N_{\text{Block}}} n_{i\_\text{send}} N_{\text{Block}} = N_{\text{all}} N_{\text{Block}} \tag{5-5-1}$$

其中 N_{Block} 表示 Block 的数量，n_{i_send} 表示第 i 个 Block 发送的数据量，N_{all} 表示数据总量。可以看出，Shuffle 量随着 Block 数量的增加呈线性增长。这意味着增加 Block 数量后，并行度升高的同时通信开销也会增加，这不利于读者设置大的 Block 数量，发

    基于鲲鹏的大数据挖掘算法实战

挥鲲鹏多核优势。在升高并行度的同时不增加 Shuffle 的一种典型解决方法是采用广播映射表代替 join，将较小的 RDD 转换为 map 广播，与另一个 RDD 进行匹配，从而避免 Shuffle 过程。对需要执行 join 操作的对象 RDD_a 和 RDD_b，其操作步骤如下：

- 广播 RDD_b。
- 在 RDD_a 的 map 操作中获取 RDD_b 的所有数据。
- RDD_b 已经转换为映射表，通过 RDD_a 的 key 值可以直接拿取 RDD_b 中 key 值对应的 value。

这样就实现了并行度升高的同时，通信开销保持不变，从而发挥出鲲鹏的多核优势。

2）line2~18 是分布式地更新矩阵 U 或矩阵 V 的过程，每个核负责更新某些用户或者商品对应的隐向量。求解商品隐向量需要利用所有和商品关联的用户向量信息来构建最小二乘问题，具体做法是扫描每一个产品的 InBlock 信息，构建并求解其对应的最小二乘问题。由于 InBlock 已经按照商品 id 进行过排序，因此我们通过一次扫描就可以创建所有的最小二乘问题并求解。

求解 $A V_j = B$ 可以通过调用求解器来实现，求解器包括 ProjectedGradientMethod 和 CholeskyDecomposition，它们的实现见算法 5-5-4 和算法 5-5-5。

算法 5-5-4　ProjectedGradientMethod

输入：$A_{k \times k}$，$B_{1 \times k}$，趋近于 0 的小数 e，最大迭代次数 MaxIter.

过程：
1：初始化：$k=0$，上次重试轮数 lastWall = 0，上轮更新方向 last_dir = $\mathbf{0}_{1 \times k}$，上轮梯度的二范数 last_ngrad = 0
2：**for** $k = 0$, 1, 2, $\cdots$, maxIter-1 **do**
3：　　计算残差 res = $A^{\mathrm{T}} A x - A^{\mathrm{T}} B$，梯度 $grad_k$ = res
4：　　投影梯度 $grad_k(i) = \begin{cases} 0, & \text{如果 } grad_k(i) > 0 \text{ 且 } x_k(i) = 0 \\ grad_k(i) & \text{或者} \end{cases}$
5：　　**if** $k \leqslant$ lastWall+1 **then**
6：　　　　$dir_k = grad_k$；
7：　　**else**
8：　　　　ngrad = $grad_k grad_k$，
9：　　　　α = ngrad/last_ngrad，

10:          $\mathrm{dir}_k = \alpha \times \mathrm{last\_dir} + \mathrm{grad}_k$

11:      **end if**

12:      $\mathrm{top} = \mathrm{dir}_k \mathrm{res}_k$, $\mathrm{scratch} = \mathrm{dir}_k \boldsymbol{A}^{\mathrm{T}} \boldsymbol{A}$

13:      更新步长 $\mathrm{step}_k = \mathrm{top} / (\mathrm{scratch} \times \mathrm{dir}_k + \mathrm{e})$

14:      **for** $i = 0, 1, 2, \cdots, k-1$ **do**

15:          **if** $\mathrm{step}_k \mathrm{dir}_k(i) > x_k(i)$ **then**

16:          $\mathrm{step}_k = \dfrac{x_k(i)}{\mathrm{dir}_k(i)}$

17:          **end if**

18:      **end for**

19:      **for** $i = 0, 1, 2, \cdots, k-1$ **do**

20:          **if** $\mathrm{step}_k \mathrm{dir}_k(i) > x_k(i)(1-\mathrm{e})$ **then**

21:          $x_k(i) = 0, \mathrm{lastWall} = k$

22:          **else**

23:          $x_k(i) = x_k(i) - \mathrm{step}_k \mathrm{dir}_k(i)$

24:          **end if**

25:      **end for**

26:      $\mathrm{last\_ngrad} = \mathrm{ngrad}$, $\mathrm{last\_dir} = \mathrm{dir}_k$, $k = k+1$

27: **end for**

输出：$\boldsymbol{x}_{1 \times k}$

算法 5-5-5　CholeskyDecomposition

输入：$\boldsymbol{A}_{k \times k}$，$\boldsymbol{B}_{1 \times k}$.

过程：

1：$l = \boldsymbol{B}.\mathrm{length}$

2：调用 lapack. dppsv（"$\boldsymbol{U}$", k, 1, $\boldsymbol{A}$, $\boldsymbol{B}$, k, 0）

输出：$\boldsymbol{B}$

ProjectedGradientMethod 可以看作共轭梯度法的变种，x 的某一分量将跨越象限时会一直保持在零值，这也是"投影"二字的由来。

通过 InBlock 和 OutBlock，每个节点可以获取求解子问题，即求解 U/V 矩阵的某些列的全部数据，再调用求解器解方程。

CholeskyDecomposition 通过调用 lapack 数学库的 dppsv 算子实现，它将结果覆写在向量 $\boldsymbol{B}$ 的原位地址。

以上是 ALS 算法分布式实现的详解，下一节将介绍它的算法参数和使用实例。

5.5.3 鲲鹏 BoostKit 算法 API 介绍

1. 算法参数

在鲲鹏平台的实现中，ALS 模型训练接口被封装为 ML Classification API 接口，其核心是使用 fit 方法，根据输入的训练样本集，输出给定参数下拟合的 AL 模型。ALS 在实际训练中涉及众多参数，在这里对关键算法参数做简要介绍（如表 5-7 所示）。

表 5-7   ALS 原生算法参数简介

参数名称	参数类型	参数说明	默认值
rank	Int	低秩化分解后的隐向量维度	10
maxIter	Int	交替求解时的迭代轮数	10
regParam	Double	正则参数	0.1
numUserBlocks	Int	用户数据分区数	10
numItemBlocks	Int	商品数据分区数	10
implicitPrefs	Bool	若为 true 则隐式反馈求解，否则显式求解	false
alpha	Double	隐式反馈中置信度系数	1.0
nonnegative	Bool	若为 true 则求解器为 projectedGradientMethod，否则为 CholeskyDecomposition	false

除了上述原生的参数外，鲲鹏 BoostKit 使能套件新增了如下参数（如表 5-8 所示），以进一步提高性能。

表 5-8   ALS 新增算法参数简介

参数名称	参数类型	参数说明	默认值
spark. boostkit. ALS. BlockMaxRow	Int	计算格莱姆矩阵，即 UU^T 或 VV^T 时的行分块大小	16
spark. boostkit. ALS. unpersistCycle	Int	从内存中释放历史的 U/V 矩阵的迭代轮数周期	300

2. 使用示例

读者可以参考本节给出的使用示例调用 ALS 算法，完成训练、验证和推理。

（1）创建算法实例

如以下示例所示，传入 ALS 的相关参数（具体的算法参数同前文所述）构建
出 ALS 算法实例。

```scala
val als = new ALS()
    .setMaxIter(numIterations)
    .setUserCol("user")
    .setItemCol("product")
    .setRatingCol("rating")
    .setNonnegative(nonnegative)
    .setImplicitPrefs(implicitPrefs)
    .setNumItemBlocks(numItemBlocks)
    .setNumUserBlocks(numUserBlocks)
    .setRegParam(regParam)
    .setAlpha(alpha)
```

（2）模型训练

调用 fit 方法返回 ALSModel 类。

```scala
val model = als.fit(ratings)
```

（3）模型评测

基于 ALS 求解模型得到相应的 predictions，以下示例采用均方误差（Mean
Squared Error, MSE）来评估模型求解的准确程度，最终输出均方误差值，使用样
例如下所示：

```scala
val predictions = model.transform(ratings)
val p = predictions.select("rating","prediction").rdd.map {case Row(pre-
diction:Float,label:Float)=>(prediction,label)}.map{t=>  val err =(t.
_1 - t._2)  err * err  }.mean()
println("Mean Squared Error = " + p)
```

最终的均方误差值如下所示：

```
Mean Squared Error = 0.9962046583156793
```

（4）模型推理

进行实际推荐时，调用 recommendForAllUsers 和 recommendForAllItems 可以分别对用户和商品进行推荐，如下所示，userRecs 即为每个用户生成的排名前 10 的推荐商品，ItemRecs 即为每个商品生成的排名前 10 的推荐用户。

```
val userRecs = model.recommendForAllUsers(10)
val ItemRecs = model.recommendForAllItems(10)
```

参考文献

［1］GOTO K，GEIJN R V D. Anatomy of High-performance many-threaded matrix multiplication ［J］. ACM，2008，34（3）：25.

［2］ARPACK SOFTWARE. https：//www. caam. rice. edu/sofitware/ARPACK/.

［3］HALKO N，MARTINSSON P G，TROPP J A. Finding structure with randomness：Probabilistic algorithms for constructing approximate matrix decompositions ［J］. SIAM review，2011，53（2）：217-288.

［4］MUSCO C，MUSCO C. Randomized block krylov methods for stronger and faster approximate singular value decomposition ［C］//Prgceedings of the 28th International Conference on Neural Information Proceedings Systems. Cambriodge：MIT Press，2015，1：1396-1404.

［5］BENSON A R，GLEICH D F，DEMMEL J. Direct QR factorizations for tll-and-skiny matrices in MapReduce architectures ［C］//2013 IEEE International Conference on Big Data. Cambridge：IEEE，2013：264-272.

［6］NOCEDAL J，WRIGHT S J. Numerical optimization ［M］. Berlin：Springer，2006.

［7］LIU D C，NOCEDAL J. On the limited memory BFGS method for large scale optimization ［J］. Mathematical Programming，1989，45：503-528.

第 6 章

数据挖掘算法应用案例

本章将从商品推荐、房价预测和客户细分三个经典数据挖掘案例入手，介绍如何构建机器学习任务流，帮助读者解决实际业务问题，以及面对不同的问题特性，读者应该如何从算法库中选择合适的算法。希望读者在阅读本章后，能够更加灵活地应用不同的机器学习算法，构建实用高效的数据挖掘应用。

本章要求读者了解算法的概念和功能，如不熟悉建议回顾第 3 章和第 4 章 4.3.1 节。由于篇幅限制，本章只列举三个案例，更多应用案例请参考鲲鹏开发者社区。

6.1 商品推荐案例

6.1.1 场景介绍

推荐系统是互联网（尤其是移动互联网）快速发展的产物。一方面，随着用户规模的爆炸式增长，供应商提供的商品种类越来越多（如电商平台的商品达数千万件），用户被大量的选择淹没，无法从中快速获取需要的商品。另一方面，传统的商品推荐通常是通过一些规则，将最新款商品展示在首页，或将相同品类的热销商品进行推荐，无法满足海量用户的不同需求。

本案例主要介绍个性化商品推荐，通过挖掘三类信息：①用户信息（年龄、性别、职业、住址等），②商品信息（价格、商品简介、商品类别等），③用户历史行为（点击、浏览时长、购买行为等），利用机器学习技术建立推荐模型。

推荐系统能够从海量商品中为不同用户推荐不同的商品，实现"千人千面"的个性化推荐。精准的推荐系统能够：①帮助用户挑选心仪商品，节省用户的寻找时间；②挖掘用户的潜在需求，提供令用户惊喜的商品；③提高商品销量，提高平台的用户黏性。

6.1.2 整体方案

本案例介绍一种业界常用的推荐系统模式，如图 6-1 所示。为了方便下游的算法分析，我们首先需要从原始数据（包括用户数据、商品数据、用户行为数据、推荐的上下文信息等）中提取相关的信息，形成用户-商品矩阵或特征矩阵。这些矩阵再通过召回、排序、重排序三个关键步骤，返回用户最有可能感兴趣的商品推荐列表。这三个关键步骤如下。

- 召回：商品数目高达百万甚至千万，如果直接对所有商品进行推荐将导致严重的性能问题，召回步骤的目的就是对商品进行初筛。
- 排序：计算用户对召回得到的商品的兴趣程度。
- 重排序：排序得到的结果往往存在相似类型单一的现象，非常影响用户体验。重排序也称为业务排序，即通过特定的业务策略，对已排序的商品进行再次排序。

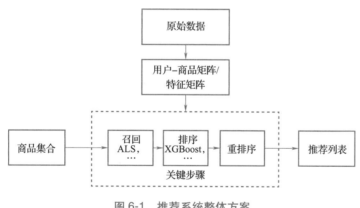

图 6-1 推荐系统整体方案

6.1.3 关键步骤

1. 召回

精准的个性化推荐离不开对用户、商品、用户行为等多方面复杂因素的考虑，但在有限的计算资源中，尤其是商品规模巨大的场景，要计算用户对所有商品的兴趣程度是不现实的。因此，在应用精准复杂的机器学习算法之前，我们需要通过召回模块，以较简单的模型进行少量的计算，从海量的候选商品中快速筛选出一个较小的（如几千或几百）的商品集。这样，用户才能够在低延迟下得到实时的商品推荐结果。

除根据商品标签、热门等简单的规则召回手段之外，下文还将介绍两类常用的召回算法：基于特征的召回和基于用户行为的召回。这两种方法所需的数据不同，基于特征的召回需要利用用户或商品数据，基于用户行为的召回需要利用用户历史行为数据。为了达到更好的推荐效果，建议读者同时采用两类方法。

（1）基于特征的召回

一种直观的思路是提取用户或商品的特征，再通过特征之间的距离搜索相似的用户或相似的商品，如推荐用户购买历史中相似的商品，或者推荐相似用户群体感兴趣的商品。

用户特征可以由性别、年龄、收入、兴趣标签等用户信息构建而来。商品特征除价格、标签等固有特征之外，还可以通过机器学习算法提取。例如，对商品的名称或简介应用 Word2Vec 算法可以获取特征向量；在推荐新闻、博客等文本内容时，通过 LDA 算法可以提取整篇文章的向量表示作为商品特征。

有了特征向量，就可以通过近邻计算搜索相似的用户或商品了。KNN 虽然可以精确地计算最近邻，但是查询时需要计算其与所有的用户/商品特征间的距离，难以处理大规模数据。Spark MLlib 提供了近似近邻计算算法局部敏感哈希（LSH），它能够将相似的向量映射成相同的哈希值，在查询近邻时可以仅计算有着相同哈希值的用户/商品特征，从而支持大规模的近邻计算。

（2）基于用户行为的召回

与基于特征的召回不同，SimRank 算法能够从用户的购买（或评分）等行为中推测商品间或用户间的相似性。SimRank 相似度是通过 SimRank 等式定义的，由于等式中两个用户的相似度依赖于其购买的商品间的相似度，两个商品间的相似

基于鲲鹏的大数据挖掘算法实战

度又依赖于购买它们的用户之间的相似度，因此 SimRank 算法的时间复杂度较高。在商品及用户的数量很多的情况下，SimRank 的计算较为困难。

另一种基于行为的推荐算法的代表就是 ALS（交替最小二乘）。它是一种基于矩阵分解的协同过滤算法，通过用户与商品间的购买或评分行为矩阵，推断每个用户的偏好及商品的内在属性，从而向用户推荐适合的商品。ALS 的计算复杂度较低，能够处理千万量级规模的用户及商品。

一方面，在特征难以完全反映用户或商品特点的场景中，基于用户行为的召回算法依据用户真实发生的行为进行分析，能够提供可靠的推荐结果。另一方面，基于行为的召回算法也存在着用户-商品矩阵稀疏性高、新用户的冷启动等问题。

（3）选型建议

不同召回算法各有优缺点，真实推荐系统经常采用多路召回，通过不同的召回策略或算法，分别召回一系列物品，合并之后再供排序模块处理。在热门物品、用户兴趣标签等简单策略之外，建议读者综合使用上述召回算法，充分挖掘用户/商品特征以及用户历史行为中蕴含的信息。

2. 排序

有了召回模块对物品的筛选，排序模块就可以使用更精细的特征、更复杂的模型实现精准的推荐。排序模块一般通过机器学习模型对用户、商品、上下文等构成的特征向量进行评分，并以此确定推荐列表中商品的排序。

常用于排序阶段的算法包括：①逻辑回归（LR）；②因子分解机（FM）；③XGBoost。具体选择什么算法需要根据特征工程以及系统的计算能力综合考虑，本节末尾会对此进行讨论。

（1）线性模型

逻辑回归（LR）是推荐系统中广泛应用的排序模型，它计算高效，可扩展性强，且具有良好的可解释性。由于 LR 是线性模型，仅依靠前文提到的特征向量难以实现精准推荐，因此特征交叉是高精度推荐的必要环节。然而，特征交叉会导致 LR 的参数数量快速膨胀，引发性能问题。因此，开发者们需要耗费大量时间和算力进行人工特征交叉和特征筛选。

（2）非线性模型

因子分解机（FM）扩展了逻辑回归算法，引入了特征的隐向量。这一改进使得 FM 相比特征交叉+逻辑回归有了更多优势：

1）基于隐向量的特征表示，使得模型能够容易地拓展到高阶特征交叉。

2）能够通过隐向量的内积推荐训练数据中未出现的特征交叉，能够处理更稀疏的业务场景。

3）在二阶特征交叉的场景中，隐向量长度为 k 的 FM 模型参数量从逻辑回归的 C_n^2 降低到了 nk，提升了计算效率。

XGBoost 是 GBDT 算法的高效实现，广泛用于工业界，是机器学习竞赛中十分热门的算法。XGBoost 在精度、性能、易用性方面各有优点：

1）梯度提升作为一种集成学习算法，相比单模型有更强的拟合能力；

2）提供 early stopping、正则化剪枝等特性，模型的泛化能力强；

3）通过 AllReduce 分布式聚合、特征并行化、核外计算等技术保证了近乎线性的可扩展性；

4）支持缺失值处理、损失函数自定义，应用灵活便捷。

（3）选型建议

当读者已进行了充分的特征工程，或对系统吞吐能力有很强的需求时，可以选择 LR 作为排序模型。当读者希望通过模型的学习，降低特征工程的工作量时，可以使用计算开销更大但建模能力更强的 FM 或 XGBoost 模型。

3. 重排序

实际业务中，推荐系统需要兼顾推荐商品的多样性、流行程度、新鲜程度，是否需要对特定商品做流量倾斜等因素对商品排序结果进行调整，如去重、打散和强插等操作，并呈现给用户。

1）去重：去掉用户已经浏览过的商品。

2）打散：不同类型商品的混合推荐，避免类型单一。

基于鲲鹏的大数据挖掘算法实战

3）强插：提高特定商品，如新品、厂家主推款等商品的优先级。

重排序强调业务需求、重视用户体验。一个优秀的解决方案不仅需要对算法原理有清晰认识，还需要对业务有深刻的理解。

6.1.4　小结

本节介绍了数据挖掘算法在商品推荐案例中的应用，重点介绍了召回与排序模块中不同算法的特点。通过本节的阅读，读者能够了解如何进行算法选型，也能够建立起整体解决方案的概念，从用户体验、算法性能、预测精度等多维度进行考虑，将一个个独立的算法组装成一个完整的系统，达到个性化精准推荐的目的。

6.2 房价预测案例

6.2.1　场景介绍

房地产业是国内经济的支柱产业，与人民的生活密切相关。房屋的价格受到了人们的广泛关注，由于地理位置、小区环境、房屋情况等因素的不同，不同住房的价格差异巨大。购房者很难清楚了解每个住宅的真实价值。

机器学习算法对房价影响因素建模，可以实现准确的一房一价预测，这具有重要的学术意义与实际价值。房价预测一方面能够帮助购房者以合理价格买到心仪房产，避免中介利用信息不对称欺骗购房者；另一方面还能够帮助金融机构进行合理的房屋抵押贷款估价，降低贷款风险。

6.2.2　整体方案

本案例的整体方案如图 6-2 所示。首先，对房价的原始特征进行数据预处理。然后，采用相关性分析进行有效特征选择。接着，选择合适的机器学习算法，对模型进行超参数调优。最后，生成预测模型，对房价进行预测。

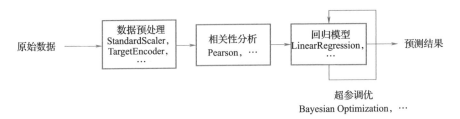

图 6-2　房价预测整体方案

房屋特征包括：①房屋本身的属性，包括面积、朝向、楼层、装修情况、建筑年份、所在区域、所在小区等；②房屋所在的小区情况，如小区户数、车位配比、绿化情况；③住房附近的配套情况，如学校数目、医院数目、公共交通情况等。标签为成交价格。特征的丰富程度往往决定了模型预测精度的上限，所以读者需要尽可能多地收集与房价有关的特征。

本方案中各个关键步骤的目的如下。

- 数据预处理：通过预处理将原始特征转化为模型更容易学习的表示形式。
- 相关性分析：通过 Pearson 相关系数等算法进行数据分析，其目的是①宏观上掌握影响房价的关键因素；②选择相关特征，排除冗余、相关性弱的特征，让模型聚焦关键特征，提升模型泛化能力；③满足部分模型需要，如线性模型需要特征间满足不存在多重共线性（Multicollinearity）。
- 模型选择：选择与任务更匹配的模型，提升预测效果。
- 超参调优：搜索更合适的模型超参数，提升模型的预测精度。

6.2.3　关键步骤

1. 数据预处理

房屋特征的数据类型多种多样，例如面积是连续变量，小区名是类别基数很大的无序离散变量，房屋朝向是只有东西南北四种基数的无序离散变量。如图 6-3 所示，我们需要对这些特征变量进行不同的预处理操作。

　　　　　　　　　　　　　　　　　基于鲲鹏的大数据挖掘算法实战

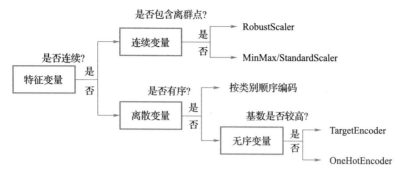

图 6-3　数据预处理

（1）连续变量预处理

当特征变量为连续变量时，需要对其进行归一化操作。归一化操作即通过归一化将各个维度的特征值映射到大致相等的空间，使得各特征值具有相同量纲，处于同一数量级。归一化有 RobustScaler、MinMaxScaler、StandardScaler 三种方法。

1）当连续变量包含离群点时，可选用 RobustScaler 方法，其特性在于：使用中位数和四分位距（即第 3 个四分位数与第 1 个四分位数的差距）进行缩放，避免受到离群值的影响。

2）当连续变量不包含离群点时，可选用 MinMaxScaler 或者 StandardScaler 方法。MinMaxScaler 的特点是变换后所有特征值都位于 ［0，1］ 之间。StandardScaler 方法使得变换后的每个特征的数据符合平均值为 0、方差为 1 的分布。

（2）离散变量预处理

当特征变量为离散变量时，根据离散变量是否有序，可进行不同的编码操作。

1）如其有序，则按照类别顺序将离散变量编码为数值，例如将房屋属性特征的商住、高层、洋房、别墅编码为 1、2、3、4。

2）若为无序变量，常见的类别编码有 OneHotEncoder 和 TargetEncoder 等。OneHotEncoder 会生成大量稀疏特征，适用于类别数量较少的特征。TargetEncoder 适用于类别数量较大的特征。鲲鹏 BoostKit 算法库提供了原生 Spark MLlib 不支持的 TargetEncoder，能够支撑亿级数据规模。

（3）选型建议

在房价预测任务中，读者可以依据本节介绍的原理，为每个特征独立选取合适的预处理算法。例如，楼层是连续整数且不包含离群点，因此可以选择 MinMax-Scaler；而小区名是离散变量，且不存在顺序关系，小区的数量也很多，因此适合用 TargetEncoder。

2. 相关性分析

相关性分析指对两个或两个以上的变量元素进行分析，用来衡量两个变量之间的相关程度。相关性分析是房价预测任务的关键步骤，常见的相关性分析方法有：①协方差；②Pearson 相关系数；③Spearman 等级相关系数。

从特征变量的数据类型维度考虑，当分析连续变量间的相关性时，协方差、Pearson 系数、Spearman 等级相关系数三种方法都可以采用。当分析顺序变量间的相关性时，读者可以采用 Spearman 等级相关系数。从定性与定量维度考虑，协方差只能定性得到是正相关还是负相关，而 Pearson 系数、Spearman 等级相关系数能够定量得到相关程度。

读者可以通过两种方式进行相关性分析，①特征与标签间。特征与标签间的相关性可以衡量各个特征的重要程度，从而选择出关键特征，删除低相关度的特征。例如，对比小区绿化率和房价间的 Pearson 值与小区户数和房价间的 Pearson 值，可以发现小区绿化率相比小区户数与房价的相关性更大，小区户数可以剔除。2）特征与特征间。Pearson 相关系数绝对值接近 1 的一对特征，仅需保留其中一维，剔除另一维冗余特征，这可以减少后续模型的运行时间。例如，小区总户数与小区总建筑面积之间的 Pearson 相关度很高，只需要保留其中一个。

3. 模型选择

在特征预处理与特征相关性分析阶段后，读者需要选择合适的机器学习模型，从历史数据中学习规律，来预测新的房屋价格。常用的预测模型有①线性回归；②GBDT/RF 等。

（1）线性模型

线性回归是最简单朴素的模型，有很好的可解释性，权重的正负代表该特征对房屋价格是促进因素还是不利因素；但由于线性假设，它无法刻画特征间的复杂组合关系。线性回归由于其特性，时常会存在过拟合和欠拟合现象。解决线性回归模型过拟合的方法有①扩充数据集，收集更多数据；②L1 正则化（Lasso 回归），稀疏化模型参数；③L2 正则化（岭回归），缩小模型参数。解决线性回归模型欠拟合的方法有①寻找与提取更多和任务相关的特征；②对特征进行高阶组合，生成更有效的新特征；③减少正则化的超参数。

（2）树模型

GBDT/RF 是经典的树模型，有一定的自动特征交叉能力，可以学习非线性规律；但回归问题中，树模型学习的是特征空间中的分段函数，无法处理预测时特征超越训练集范围的问题。例如，树模型无法预测房屋在明年的价格。

（3）选型建议

线性模型与树模型在效果上没有绝对的优劣，三种算法都可以尝试，选择效果最好的算法。

4. 超参调优

超参调优是一项烦琐但至关重要的任务，很大程度上影响了算法的效果。当对机器学习算法有较深入的认识时，用户可以根据模型的过拟合/欠拟合程度、计算性能等手动进行针对性地调节；但如果用户不了解机器学习算法，或是希望减少超参调优过程中的人工参与，就可以使用下列自动化的参数优化方法。

（1）网格搜索

网格搜索是一种穷举搜索方法。用户对每个超参数列出一些候选值，这些超参数笛卡儿积（排列组合）为所有候选超参数组合，网格搜索通过遍历尝试每一种可能，表现最好的超参数就是最终结果。网格搜索适用于三四个（或者更少）超参数，当超参数的数量增长时，网格搜索的计算复杂度会呈现指数增长。网格搜索算法的缺点在于遍历耗时长。

（2）贝叶斯优化

贝叶斯优化有四个部分：①目标函数。确定想要最小化的目标，即不同超参数的目标模型在验证集上的损失。②域空间。要搜索的超参数空间。③迭代搜索。代理模型拟合历史数据，预测候选超参数组合的概率分布，利用采集函数选择最优价值的超参数组合，进行目标函数评估。④历史记录。来自目标函数评估的存储结果，包括超参数和验证集上的损失。与网格搜索的不同之处在于，贝叶斯优化在选择下一组超参数时，会利用历史的调参信息，极大提升超参搜索效率。鲲鹏 BoostKit 算法库提供了原生 Spark MLlib 不支持的贝叶斯优化算法，用于提升模型的超参调优性能。

6.2.4 小结

本节结合房价预测案例，重点介绍了数据预处理、相关性分析、模型和超参调优这四个关键步骤，并且介绍了相关算法的应用方式与优缺点。通过本节的学习，读者能够了解相关算法的应用方法，掌握机器学习回归任务的通用流程，并举一反三地迁移到其他任务中。

6.3 客户细分案例

6.3.1 场景介绍

在市场营销中，客户的需求存在多样性，但企业所能投入的资源是有限的。为了在市场竞争中取得优势，企业就需要针对不同客户的行为、偏好、价值等特点，提供针对性的产品或服务。客户细分（Customer Segmentation）的目的是根据用户忠诚度、价值等因素，将企业客户分为若干个群体，使得每个群体中的客户有着相似的属性或需求，从而为销售策略、定制化服务提供决策依据。

聚类是一种基于"物以类聚"思想的数据分析方法，它能够将样本分入不同的组（簇），使得属于相同簇中的样本比不同簇中的样本更相似。这一特点与客户细分的需求十分契合。本案例将介绍如何基于市场营销领域常用的 RFM 三要素进行聚类分析，帮助企业将客户分为不同特点的群体。RFM 很好地反映了客户的特点，能够为聚类分析提供良好的依据。

1）R（Recency，最近一次消费），指客户最近一次购买产品或服务距离现在的时间。最近消费距今时间长意味着用户有流失的风险。

2）F（Frequency，消费频率），指客户在一段时间内购买商品或服务的次数。通常来说，消费频率越高表示用户的满意程度越高。

3）M（Monetary，消费金额），指客户过去的消费金额。高消费的客户群体是营销策略中保持、发展、挽留的重点。

6.3.2　整体方案

通常来说，交易数据库（Transactional Database）会保存包括客户 ID、交易时间、购买数量、商品单价等信息在内的历史交易数据。依据上述信息可以方便地计算出 RFM 作为聚类分析的特征。与其他机器学习任务一样，特征需要经过归一化来统一特征的尺度。随后，读者需要确定聚类算法的超参数，并调用聚类算法进行分析。最后，聚类算法的输出必须与市场调研相结合，识别每个群体的特点和需求，获得符合业务需要的分析结果。整体架构图如图 6-4 所示。

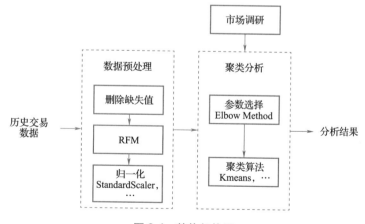

图 6-4　整体架构图

在真实应用中，由于客户行为模式不断发生变化，客户所属的细分群体也会发生改变。因此，读者需要定期使用最新交易数据进行聚类分析，及时准确地调整营销策略。

6.3.3 关键步骤

1. 数据预处理

聚类分析中的大部分算法都不支持缺失值输入，因此在聚类分析之前，我们需要将出现缺失值的样本删除。随后，我们需要根据历史交易数据将每个用户表示为一个特征向量。本案例使用市场营销中经典的 RFM 三要素进行聚类分析。

无论后续聚类算法选型如何，数据处理，尤其是特征的缩放（Scaling）会对聚类分析的质量起到关键的作用。大部分聚类算法是在欧氏空间中进行的，此时读者需要保证各维特征之内以及特征之间都有着相同的缩放尺度。

例如，一方面，消费金额中 10 元和 20 元间的差距应大于 1000 元和 1010 元间的差距，读者可以对消费金额进行取对数变换。另一方面，消费金额中 10 元和 20 元的差距应小于最近一次消费中 2 天前与 12 天前之间的距离。因此使用归一化统一各维特征之内和特征之间的尺度是非常必要的。

2. 聚类分析

鲲鹏 BoostKit 算法库提供了多种聚类算法供开发者选择。依据聚类的原理，这些聚类算法可以分为基于质心的聚类算法和基于密度的聚类算法。

（1）基于质心的聚类算法

Kmeans 是最典型的聚类方法，有着优秀的计算复杂度，可以用于海量、高维数据集。当数据中特征分布大致呈球形，且各簇大小基本相等时，就可以使用 Kmeans；然而，Kmeans 算法对初始簇心的选取非常敏感。针对这一问题，Spark MLlib 在 Kmeans 算法中内置了能够自动选取合适初始点的 KmeansⅡ算法，鲲鹏 BoostKit 算法库在此基础上进行了进一步的优化，在保证易用性的同时拥有了更高的性能。

（2）基于密度的聚类算法

然而实际应用中，我们无法保证数据满足上述假设，但可以确定客户群体的密集程度，此时可以选择基于密度的聚类方法 DBSCAN。DBSCAN 能够依据密度发现不规则形状的簇，同时能识别出离群点，使结果更加鲁棒；它的计算复杂度略高于 Kmeans，且难以支持高维数据，但它能够识别出形状不规则、大小不同的簇。要想使 DBSCAN 产生良好的分析结果，读者还需要分析聚类结果，合理地设置 epsilon 和 minPts 两个超参数。当样本集中不同簇的密度差异较大时，DBSCAN 算法无法通过同一组超参数准确地区分出所有的簇。

在不同簇的形状、大小、密度都未知的情况下，用户可以使用鲲鹏 BoostKit 算法库提供的更加通用的 HDBSCAN 算法，它能够自适应地调整分簇依据，帮助用户分析更复杂的数据。

（3）选型建议

综上所述，在数据分布情况难以确定且可接受耗时的情况下，用户可以优先选择 HDBSCAN；当数据中不同簇的密度大致相等时，用户可以使用 DBSCAN；而当待处理的数据量非常大，HDBSCAN 和 DBSCAN 都无法满足性能需求时，经典的 Kmeans 算法就能发挥其低复杂度的优势。

3. Kmeans 算法的超参选择

与基于密度的聚类算法不同，在使用 Kmeans 之前，读者需要确定簇的个数 k，这对聚类结果的质量会起到关键的作用。k 可以依据业务知识进行选择，但面对部分复杂场景时，k 的选择仍然很困难。这时读者还可以使用两种聚类分析中流行的方法：肘部法（elbow method）和轮廓系数法（silhouette method）。

（1）肘部法

肘部法通过绘制簇数量与对应 Kmeans 的损失 WSSSE（Within Set Sum of Squared Error）的曲线，选取曲线肘部对应的 k 作为最优选择。肘部法的动机是，当簇数量较少时，每新增一个簇，Kmeans 的损失都会大幅下降；但当簇数足够时，损失下降速度大幅减缓，此时出现边际效用降低的现象。选择曲线发生明显弯曲（即肘部）处对应的 k，可以让每个样本都被分入足够紧凑的簇，簇的数量也不会过多而造成分析困难。肘部法中，曲线的肘部越明显，最终聚类的效果越好。如图 6-5 所示，曲线在簇数量为 3 时出现了明显的弯曲，因此可以选择 3 作为最优的 k。

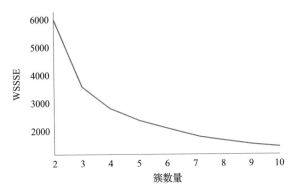

图 6-5 Kmeans 损失与簇数量的示意图

真实应用中可能出现曲线过于平滑、难以确定肘部具体位置的情况。一方面，出现这种情况的原因可能是样本的分布不满足 Kmeans 的假设，需要进一步改进特征的预处理方式。另一方面，读者还可以在肘部法基础上结合第二种方法——轮廓系数法进行 k 的选择。

（2）轮廓系数法

轮廓系数是一种用于描述样本分簇合理程度的度量，其示意图如图 6-6 所示。一个样本的轮廓系数 s 的定义如下。

a：样本与所属簇中其他各样本点的平均距离

b：样本与第二近簇中各样本点的平均距离

$$s = \frac{b-a}{\max(a,b)} \tag{6-3-1}$$

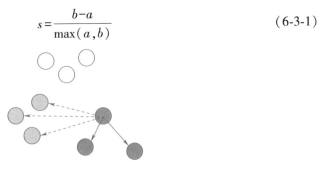

图 6-6 轮廓系数示意图

轮廓系数的值域为 $[-1, 1]$，一条样本的轮廓系数越接近 1，表示其所在的簇的内聚程度高或与相邻簇的分离程度较高；若轮廓系数接近 0 则表示该样本处在两个簇的边界位置；如果轮廓系数出现负数的情况，则说明它被分入了错误的簇。对样本集中所有样本的轮廓系数取平均后，就可以度量整个样本集的分簇合理性，并作为选取 k 的依据。

在肘部法无法确定明确 k 的时候，数据集的平均轮廓系数可以帮助读者在肘部的若干个候选值中选择最合理的分簇方式。如图 6-7 所示，由于簇数量为 3 时轮廓系数较高，因此选择 $k = 3$ 进行 Kmeans 聚类是最为合适的。

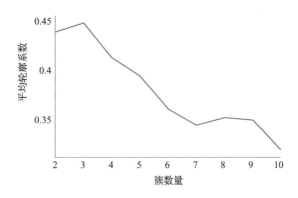

图 6-7　平均轮廓系数与簇数量的关系

6.3.4　小结

本节主要介绍了聚类算法在市场营销领域客户细分场景中的应用，它实现了对客户属性的划分。RFM 计算和数据预处理可以将交易数据转换成适合聚类算法处理的表示形式，读者再根据数据特点选择合适的聚类算法并选择最优的簇数。本节的内容能帮助读者了解如何灵活地运用聚类算法，解决实际应用问题。